KB188524

서술형 시험 만점 대비

자기주도

독서록 쓰기

글 최연희 그림 박선미

채운어린이

서술형 시험 **만점** 대비 독서록 쓰기

우리 친구들은 많은 학교 숙제 중에서 무엇이 가장 어렵나요?

혹시 독서록 쓰기가 어렵고 귀찮게 느껴지지는 않나요? 책을 읽어야 하는 것도 힘들고, 책을 읽고 난 후 어디서부터 어떻게 써야 할지 막막하기만 하지요. 하지만 독서록은 시간을 조금만 들이면 다른 숙제들처럼 쉽게 쓸 수 있어요.

먼저 독서록을 잘 쓰기 위해서는 책 선정이 중요해요.

어려운 책을 고르면 독서록 쓰기가 싫어지거나 어려운 것이 당연합니다. 평소에 재미있을 것 같다고 느꼈던 책이나, 친구나 선생님께 좋은 책을 추천받아 읽어 보세요.

10 더하기 10이 20인 것을 배우기 위해서는 그보다 쉬운 1 더하기 1을 먼저 배워야 하듯이 책읽기도 마찬가지랍니다. 쉽고 재미있는 책부터 읽으면 나중에 어려운 책도 쉽게 읽을 수가 있어요.

책을 읽었다면 이제 독서록을 쓸 차례인데, 어떻게 써야 하냐고요?

줄거리부터 잘 정리해야 한다는 정도는 여러분도 알고 있을 거예요. 하지만 어떤 내용을 써야 할지 몰라서 책의 내용을 베끼게 되는 게 사실이에요. 이럴

땐 주인공을 따라가며 읽어 보세요. 주인공이 어디서 무엇을 했는지 차근차근 따라가다 보면 써야 할 내용이 간추려진답니다. 또다른 방법은 가장 기억에 남는 한 부분만 쓰는 거예요.

독서록 쓰는 방법이 이처럼 다양한 것은 독서록 쓰기에 형식이 없기 때문이에요. 그래서 내가 쓰는 내용과 생각들이 정답이 되지요. 그 과정에서 나의 생각이 깊어지고 글쓰기 실력이 자라나는 거예요.

구구단 연습처럼 글쓰기도 연습이 필요해요. 우리 친구들의 글 쓰는 연습을 도와 주기 위해 이 책을 만들었답니다. 차근차근 하루에 한 장씩 책장을 넘기면서 여러 방법의 독서록 쓰기를 연습해 보세요. 친구들이 할 수 있는 쉬운 방법부터 나와 있기 때문에 잘 따라할 수 있을 거예요. 이제 미루지 말고 이 책을 보며 자신있게 독서록을 써 보세요. 이 책에 있는 내용만 잘 따라하면 여러분도 독서록 쓰기 왕이 될 수 있답니다.

지은이 **최 연 희**

차 례

6일. 등장인물의 성격을 써 보자.
❶ 오즈의 마법사(인디고)
❷ 책으로 집을 지은 악어(주니어김영사)

7일. 그림으로 표현해 보자.
❶ 용구 삼촌(산하)
❷ 괜찮아 괜찮아 슬퍼도 괜찮아!(길벗스쿨)

8일. 시로 표현해 보자.
❶ 삐거덕 아저씨와 달그락 아줌마(나비)
❷ 내 짝꿍이 최고야(크레용하우스)

9일. 편지를 써 보자.
❶ 할머니, 어디 가요? 굴 캐러 간다!(보리)
❷ 엄마는 외계인(아름다운사람들)

10일. 주인공이 되어 보자.
❶ 잠자는 숲 속의 공주(대원키즈)
❷ 할머니를 팔았어요(샘터)

11일. 만화로 만들어 보자.
❶ 100원의 여행(자람)
❷ 벌렁코 하영이(사계절)

12일. 생각독서록(마인드맵독서록)을 만들어 보자.
❶ 어린왕자(비룡소)
❷ 초등학생을 위한 나의 라임 오렌지나무(동녘)

13일. 배운 점을 적어 보자.
❶ 너는 네 생각보다 훨씬 더 잘할 수 있어!(맑은소리)
❷ 갈매기의 꿈(지경사)

14일. 이야기를 바꿔 보자.
❶ 단추와 단춧구멍(어린이작가정신)
❷ 아기제비 번지점프 하다(소년한길)

15일. 뉴스로 만들어 보자.
❶ 책 읽어 주는 바둑이(처음주니어)
❷ 톰 소여의 모험(시공주니어)

16일. 주인공과 대화를 해 보자.
❶ 싫어요 몰라요 그냥요(푸른책들)
❷ 싸움괴물 뿔딱(미세기)

17일. 이야기를 이어 보자.
❶ 걸리버 여행기(중앙출판사)
❷ 창피해하지 매(씨앤톡키즈)

18일. 수학독서록을 써 보자.
❶ 생각이 확 열리는 생활수학(동쪽나라)
❷ 수학의 힘으로 세상을 만나라 오일러(살림어린이)

19일. 과학독서록을 써 보자.
❶ 파브르 곤충기(삼성출판사)
❷ 소중한 뇌(그레이트북스)

20일. 경제독서록을 써 보자.
❶ 시장에 간 길동이 경제박사 되다(파란자전거)
❷ 석혜원 선생님의 지구촌 경제 이야기 잘사는
　나라 못사는 나라(다섯수레)

21일. 책을 통해 공부해 보자.
❶ 사회야 사회야 나 좀 도와 줘(삼성당)
❷ 처음 만나는 한시(휴머니스트)

22일. 위인전을 읽어 보자.
❶ 장영실(파랑새어린이)
❷ 베토벤(상서각)

23일. 독서퀴즈를 만들어 보자.
❶ 헨젤과 그레텔(한국방송출판)
❷ 허균이 들려 주는 홍길동전(세상모든책)

24일. 책을 소개해 보자.
❶ 나는 꿈이 너무 많아(다림)
❷ 도와줘요 닥터꽁치(웅진주니어)

25일. 책을 비교해 보자.
❶ 아빠가 집에 있어요(밝은미래)
❷ 아빠의 앞치마(교학사)
❸ 내 짝꿍 최영대(재미마주)
❹ 짝꿍 바꿔 주세요!(주니어랜덤)

제1장
독서록은 왜 써야 할까요?

독서록
쓰기

1. 책은 왜 읽어야 하죠?

서점에 가면 너무나 많은 책이 있어요. 만화에서부터 전래동화, 위인전, 교육서, 소설책까지 종류도 많고요. 그리고 어른들은 책을 많이 읽으면 좋다고 해요. 도대체 어렵고 복잡한 책을 왜 읽으라고 하는 걸까요?

이렇게 많은 여러 종류의 책들은 저마다 특징을 가지고 있답니다. 책을 많이 읽으면 내가 모르는 많은 정보를 알게 되어 지식을 쌓을 수 있을 뿐만 아니라 생각하는 힘도 키울 수 있답니다.

✏️ 책은 나에게 어떤 도움을 줄까요?

1 생각하는 힘과 상상력을 길러 줘요.

우리는 책을 통해서 등장인물들이 경험하는 것을 간접적으로 경험하게 되고, 그러면서 다양한 지식과 교훈을 얻지요. 등장인물의 모습과 생각, 앞으로 전개될 이야기를 상상해 보기도 하지요. 그러면서 자신도 모르게 독서를 통해 생각하는 능력을 키우게 된답니다.

2 언어의 표현력을 높여 줘요.

책에는 무수히 많은 단어와 문장이 존재하지요. 이미 알고 있는 단어도 있을 것이고 몰랐던 단어도 있을 거예요. 책을 많이 읽으면 읽을수록 내가 표현할 수 있는 단어들도 많아지고, 그 만큼 언어 표현력이 향상된답니다.

3 여러 분야의 지식을 습득할 수 있어요.

사람들은 무언가 새로운 것을 알고 싶을 때는 책부터 찾아요. 그 만큼 책에는 여러 가지 정보가 가득 들어 있기 때문이랍니다. 그래서 여러 종류의 책을 가리지 않고 읽게 되면 나도 척척박사가 될 수 있습니다.

2. 무슨 책을 읽어야 할지 모르겠어요.

서점에 가면 책이 너무 많아요. 같은 제목의 책, 유사한 내용의 책들도 많아요. 이럴 때는 어떤 책을 골라야 할지 잘 모르겠죠?

혼자 고르기 힘들면 형이나 언니, 선생님이나 부모님께 여쭤 보고 추천을 받는 것도 좋아요. 아니면 어린이신문이나 인터넷에 소개된 책 중에서 마음에 드는 책을 고르는 것도 한 방법이랍니다.

좋은 책 고르는 순서!

1 먼저 내게 필요하거나 읽고 싶은 책의 종류를 선정해요.
책을 고르기 위해서는 우선 내가 어떤 책을 읽고 싶은지를 정해야 해요. 예를 들어 학교 숙제를 하기 위해 과학 도서가 필요할 수도 있고, 영화로 재미있게 본 '해리포터 시리즈'를 책으로 보고 싶을 수도 있겠지요.

2 선생님이나 부모님께 여쭤 보아요.
읽고 싶은 책의 종류를 정했다면 선생님이나 부모님께 여쭤 보아요. 추천을 받는 방법이에요. 나보다 책을 많이 보셨고 내게 필요한 것이 무엇인지 잘 알고 있기 때문에 고르는 방법도 잘 알고 있답니다.

3 도서관이나 서점에 가 보아요.
선생님이나 부모님께 몇 권의 책을 추천받았다면 도서관이나 서점에 가 봅니다. 많은 사람들이 찾는 책을 따로 모아놓은 곳이 있을 거예요. 그런 책들 중 평소 내가 관심을 두었거나 흥미를 갖고 있던 내용을 다룬 책을 골라 보세요.

4 친구들과 교환해서 보아요.
내가 읽은 책 중 친구에게 권해 주고 싶은 책이 있다면 친구와 바꾸어 보기도 해 보세요. 그러면 더 많은 책을 쉽게 접할 수 있고, 또한 어떤 책이 더 재미있고 나에게 도움이 되는지 스스로 판단할 수 있는 능력도 생긴답니다.

3. 독서록이 뭐예요?

독서록이란, 책을 읽고 난 후 책의 줄거리와 함께 자신의 생각이나 느낀 점, 배운 점 등을 기록하는 거예요. 예를 들어 책을 읽은 후 "정말 재미있다." "주인공이 대단한 것 같다." 등 자유롭게 나의 생각을 표현하는 거랍니다.

🖊 독서록을 쓰면 무엇이 좋을까요?

1️⃣ 책의 내용을 오래 기억할 수 있어요.
책을 읽고 난 후 독서록을 쓰게 되면 그냥 지나치기 쉬운 책의 정보를 일목요연하게 기억할 수 있고, 그 동안 내가 읽은 책들을 오랫동안 머릿속에 간직할 수 있답니다.

2️⃣ 이해력이 길러져요.
독서록을 잘 쓰기 위해서는 책의 내용을 잘 이해하고 있어야 해요. 쓰다가 잘 기억나지 않는 부분이 있으면 다시 책을 보면서 이해하게 되지요. 그래서 꾸준히 독서록을 쓰는 친구들은 다른 글을 읽을 때에도 이해력이 빠르답니다.

3️⃣ 생각하는 능력이 길러져요.
독서록을 쓰는 동안 우리는 자연스럽게 여러 가지 생각을 하게 돼요. 등장인물이 되어 보기도 하고, 책 속의 사건들을 여러 측면에서 바라보게도 되지요. 또한 인상깊었던 부분, 재미있었던 부분 등을 정리하여 독서록에 옮기다 보니 자연스럽게 사고력과 상상력이 풍부해진답니다.

4. 독서록은 어떻게 쓰는 건가요?

독서록, 이렇게 써 보아요!

√ **책이름 쓰기**	읽은 책의 제목을 써넣어요.
√ **날짜 쓰기**	책을 읽은 기간, 독서록 쓴 날짜를 써넣어요.
√ **출판사, 지은이 쓰기**	책의 기본적인 정보인, 책을 출간한 출판사와 지은이 이름을 써넣어요.
√ **제목 쓰기**	독서록의 제목을 써넣어요. 나만의 개성있는 제목을 지어 보아요.
√ **동기 쓰기**	이 책을 읽게 된 동기를 써넣어요.
√ **줄거리 쓰기**	줄거리는 중요한 부분을 간추려 간략하게 씁니다.
√ **생각 쓰기**	책을 읽고 난 후 나의 생각이나 느낀 점을 써넣어요.

5. 독서록 쓰기, 너무 어려워요!

대부분의 친구들이 독서록 쓰기를 어렵고 귀찮게 생각하고 있어요.
하지만 독서록을 재미있게 잘 쓰는 특별한 방법이 있답니다.

세상에 이런 독서록이!

1. 독서달력	달력에 내가 읽을 책을 표시해두는 독서록이에요.	**2. 그림독서록**	책을 읽고 난 후 기억에 남는 장면을 그림으로 표현하는 독서록이에요.
3. 만화독서록	인상깊은 장면을 만화로 표현하는 독서록이에요.	**4. 동시독서록**	책의 주요 내용을 동시로 표현하는 독서록이에요.
5. 편지독서록	책의 등장인물에게 하고 싶은 이야기를 편지 형식으로 쓰는 독서록이에요.	**6. 마인드맵독서록**	책의 주요 내용을 마인드맵으로 표현하는 독서록이에요.
7. 대화독서록	책의 등장인물과 대화를 나누는 형식으로 쓰는 독서록이에요.	**8. 상상독서록**	만약 내가 주인공이라면 어땠을지 상상하며 쓰는 독서록이에요.
9. 뉴스독서록	책의 주요 내용을 뉴스기사로 바꾸어 쓰는 독서록이에요.	**10. 퀴즈독서록**	책의 내용을 가지고 퀴즈문제를 만들어 보는 독서록이에요.

제2장
25일 완성!
독서록 잘 쓰는 방법

독서록
잘 쓰는 법

1일 읽고 싶었던 책을 골라 보자.

책읽기를 귀찮거나 힘든 일로 생각하고 있나요?

하지만 평소에 친구들에게 재미있다고 들었거나 스스로 읽고 싶다고 생각한 책은 있을 거예요. 한두 권씩 읽다 보면 책읽는 재미를 발견하게 되고, 그러면 자연스럽게 책읽기가 어렵지 않게 느껴질 거예요.

독서록 쓰기 또한 마찬가지예요. 막상 쓰려고 하면 무엇부터, 어떻게 써야 할지 막막할 거예요. 하지만 내가 좋아하는 책을 읽고 차근차근 쓰다 보면 독서록 쓰기가 생각만큼 그렇게 어려운 게 아니라는 것을 깨닫게 될 거예요.

똑똑 독서록 박사 – 독서록 잘 쓰는 법 ①

📖 무슨 책이 재미있을까?

선생님이나 친구에게 재미있는 책이라고 듣거나 또는 제목, 그림만 보아도 관심이 가는 책이 있을 거예요.

독서록을 쓰기 전에 내가 어떤 책을 읽을 것인지 정하는 것이 중요해요. 처음 쓰는 독서록인데 너무 어려운 책을 읽게 되면 쓰기 또한 힘들어지겠지요. 맛있는 과자를 고르듯이 내가 읽고 싶은 책을 잘 선택해 보아요.

 1단계 평소 읽고 싶었던 책을 생각해 보아요.

 2단계 선생님이나 부모님, 형이나 언니에게 책을 추천해 달라고 이야기해 보세요.

 3단계 책을 읽어 보며 재미있는 부분을 찾아보아요.

친구들은 독서록을 어떻게 썼는지 볼까요?

- 책이름 | 나는 문제없는 문제아
- 읽은 기간 | 3월 5~6일
- 출판사 | 대교출판
- 지은이 | 유효진

제목 : 세상에 꼴찌는 없어!   날짜 : 3월 7일

이 책에는 주인공이 많이 나온다.

공부, 운동 다 꼴찌인 형기, 엄마와 동생이 필리핀 사람이라 엄마를 싫어하는 준애, 뚱뚱해서 아이들에게 따돌림당하는 청우, 부모님이 이혼해서 엄마와 동생하고만 사는 이수 등 모두 4명의 아이들이 있다.

다들 한 가지씩 단점을 가지고 있고 그 단점 때문에 자기 자신을 싫어한다. 그러던 중 자신이 가지고 있는 단점이 꼭 단점이 아니란 사실을 알게 된다.

나는 이 책을 읽으면서 행복한 아이란 걸 느꼈다. 나는 꼴찌도 아니고 엄마 아빠도 다 계시고 친구들도 많다. 그리고 내 주위 사람들이 모두 소중하다는 것도 깨달았다. 항상 나에게 도움을 주고 기쁨을 주는 사람들이 있어서 행복했다. 앞으로 나의 생활에 감사하며 살아야겠다.

> 공부는 꼴찌여도 뜨개질은 정말 잘하는구나.

> 그래? 고마워.

18

- 책이름 | 엄마 아빠를 바꾸다
- 읽은 기간 | 3월 10~11일
- 출판사 | 아이앤북
- 지은이 | 고정욱

제목 : 우리 엄마 아빠가 최고야!   날짜 : 3월 12일

선생님께서 국어 시간에 이 책을 읽어 보라고 권해 주셨다. 이 책에 나오는 경진이와 영준이는 성격이 완전 반대이다. 경진이는 소심하지만 착하고, 영준이는 씩씩하지만 문제를 많이 일으킨다. 경진이 부모님은 영준이의 성격을 좋아하고, 영준이 부모님은 경진이의 성격을 좋아한다. 부모님의 잔소리가 싫은 영준이와 경진이는 부모님을 바꿔서 지내 본다.

영준이는 평소 성격대로 경진이네 집을 어지럽히고, 경진이는 소심해서 똥을 못 누어 결국 병원까지 가게 된다. 그러자 경진이 부모님은 활발하지는 않지만 착하고 청소를 잘하는 경진이가 그리워지고, 영준이 부모님은 말을 잘 안 듣고 청소는 잘 안 해도 씩씩한 영준이가 그리워진다. 다시 가족을 바꾸면서 소중함을 느끼고 부모님 말씀을 잘 듣게 된다.

나도 경진이와 영준이 같은 생각을 하곤 했다. 하지만 경진이와 영준이가 바보 같다는 생각을 했다. 아무리 그래도 그렇지 어떻게 엄마 아빠를 바꿀 생각까지 할 수 있지? 난 우리 엄마 아빠가 나의 엄마 아빠라는 사실이 다행스럽다.

모두 자신이 읽고 싶었던 책을 읽고 쓴 독서록이에요. 하지만 뭔가 차이점이 있어 보이는데, 발견했나요? 독서록에는 위의 글처럼 책이름, 출판사, 지은이, 읽은 기간, 쓴 날짜 등이 들어가지요. 그리고 내용에는 우선 이 책을 읽게 된 동기를 적어야 해요.
이제 차이점이 보이나요? 첫 번째 독서록에는 없는, 책을 읽게 된 동기가 두 번째 독서록에는 나와 있어요. 또한 내용도 더 자세히 적고 있어요. 이것이 독서록 쓰기의 가장 기본적인 형태랍니다. 이 틀을 토대로 독서록 쓰는 방법을 익혀 보아요.

두 번째 독서록

나는 독서록 쓰기 왕! 내가 쓰는 독서록

이번에는 내가 직접 써 보아요.

평소 읽고 싶었던 책을 골라 읽고 독서록을 써 보세요.

- 책이름 | • 읽은 기간 |

- 출판사 | • 지은이 |

제목 :   날짜 :

2일 독서달력을 만들어 보자.

독서달력은 읽고 싶거나 읽을 책을 달력에 표시해두는 거예요.

책을 읽을 때에도 계획이 필요해요. 무작정 읽기보다는 계획을 세워 읽는 것이 더 효과적이죠. 어떤 종류의 책을 읽을 것인지, 언제부터 언제까지 이 책을 읽을 것인지에 대한 정확한 계획 말이지요.

똑똑 독서록 박사 – 독서록 잘 쓰는 법 ❷

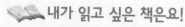 내가 읽고 싶은 책은요!

책을 많이 읽고 싶은데 생각처럼 잘 되지 않지요? 텔레비전도 보고 싶고 컴퓨터 게임도 하고 싶고 친구들과 놀고도 싶어요.

독서 계획을 쉽게 짤 수 있는 방법이 바로 '독서달력' 이랍니다. 지금부터 '독서달력' 을 만들어서 독서 왕이 되어 보아요. 독서달력은 달이 시작될 때 달력에다가 내가 읽고 싶은 책을 선정하여 읽을 날짜에 표시해두는 거예요.

 1단계 먼저 이번 달 독서달력을 만들어 보아요.

 2단계 앞으로 읽고 싶은 책과 읽을 책을 정해 보아요.

 3단계 읽고 싶은 날짜에 책표지의 그림이나 책이름, 책의 정보를 적어놓아요.

친구들은 독서달력을 어떻게 썼는지 볼까요?

날짜					1월 1일 ~ 1월 31일	
일	월	화	수	목	금	토
					1	2
3	4	5	6	7	8	9
10	11	12	13	14	15	16
17	18	19	20	21	22	23
24	25	26	27	28	29	30
31						

1일:
· 책이름 | 닷밭 늘어져라
· 출판사 | 한겨레아이들
· 지은이 | 권정생

5일:
· 책이름 | 1분 씨앗동화
· 출판사 | 거인
· 지은이 | 고수유

22일:
· 책이름 | 조선 역사 속 숨은 영웅들
· 출판사 | 뜨인돌어린이
· 지은이 | 김은빈

어디다가 적어놨더라?

아예 안 적었거든!

날짜			2월 1일 ~ 2월 28일			
일	월	화	수	목	금	토
1	2	3	4	5	6 • 책이름 | 울타리를 넘어서 • 출판사 | 베틀북 • 지은이 | 황선미 • 읽고 싶은 이유 | 학교 도서관의 추천도서여서 내용이 궁금했다. 실 천　○　×	7
8	9	10	11 • 책이름 | 꿈꾸는 인형의 집 • 출판사 | 푸른숲주니어 • 지은이 | 김향이 • 읽고 싶은 이유 | 평소에 인형을 좋아하는데, 인형들의 이야기가 궁금해서. 실 천　○　×	12	13	14
15	16	17	18	19	20	21
22	23	24	25	26 • 책이름 | 문제아 나깡, 퀴즈왕 되다! • 출판사 | 토토북 • 지은이 | 박춘록, 이미옥 • 읽고 싶은 이유 | 동화이지만 공부 방법도 들어 있다고 들었다. 그래서 보고 싶었다. 실 천　○　×	27	28

독서달력을 만드는 방법은 아주 간단해요. 위의 그림처럼 달력에 읽을 책의 제목과 정보를 적어놓기만 하면 되거든요. 하지만 독서달력은 무작정 만드는 게 아니에요. 내가 독서를 실천하기 위해서 만든다는 점을 명심해야 해요. 그러므로 첫 번째 독서달력처럼 그냥 적어놓기만 하지 말고, 두 번째 독서달력처럼 밑부분에 실천했는지 안 했는지 표시하는 칸을 따로 만들고, 읽고 싶은 이유도 함께 적는 것이 좋아요. 그러면 읽기로 한 책을 읽었는지 안 읽었는지 한눈에 알 수가 있지요. 이런 독서달력을 계속 만들다 보면 독서 계획을 쉽게 실천할 수 있을 거예요.

나는 독서록 쓰기 왕! 내가 쓰는 독서록

이번에는 내가 직접 써 보아요.

읽고 싶은 책을 선정하여 독서달력을 만들어 보는 거예요.

날짜		월 일 ~ 월 일				
일	월	화	수	목	금	토
					1	2
3	4	5	6	7	8	9
10	11	12	13	14	15	16
17	18	19	20	21	22	23
24	25	26	27	28	29	30
31						

3일 줄거리를 써 보자.

공부할 때 가장 기본이 되는 텍스트는 교과서입니다. 그렇다면 독서록 쓸 때 가장 기본이 되는 것은 무엇일까요? 바로 줄거리예요. 책 내용의 중요한 부분을 정리하는 것이지요. 줄거리를 쓰면 책 내용을 이해할 수 있고, 그에 따라 나의 생각이나 느낀 점을 함께 적을 수가 있지요.

똑똑 독서록 박사 - 독서록 잘 쓰는 법 ③

📖 책의 내용을 요점 정리해 보자.

줄거리 쓰기란 한 마디로 요점 정리라고 생각하면 돼요. 책의 내용 중 중요하다고 생각되는 부분들을 모아 시간 순서대로, 또는 읽은 순서대로 정리하면 바로 간략한 줄거리가 되거든요.

줄거리를 잘 쓰려면 등장인물이 누구이고, 어떤 성격을 지녔는지 등을 쓰고 주인공에게 일어난 일들을 써요. 그리고 그 일로 인해서 주인공이 어떻게 되었는지 마지막 부분을 쓰면서 나의 느낌도 함께 써 주면 좋은 글이 된답니다.

 읽고 싶은 책을 골라 차근차근 읽어 보아요.

 책의 내용을 처음부터 머릿속에 그려가며 중요한 부분들을 떠올려요.

 머릿속으로 그린 내용들을 시간 순서나 내용의 순서에 따라 독서록에 옮겨 보아요.

첫 번째
독서록

• 책이름 | 공짜로 안아 드립니다
• 읽은 기간 | 4월 2~3일
• 출판사 | 나무생각
• 지은이 | 김현태

제목 : 모두가 행복해요.   날짜 : 4월 4일

　《공짜로 안아 드립니다》에 나오는 아이는 매일 안아 주시던 할머니가 돌아가시자 슬픔에 빠진다. 슬픈 얼굴로 길을 가는데 어떤 할머니가 안아 준다. 아이는 이 때 마음이 따뜻해짐을 느낀다. 그래서 아이는 다른 슬픈 사람들을 위해 '공짜로 안아 드립니다'라는 팻말을 들고 길에 서 있게 된다.

　처음에는 사람들이 모른 척했는데, 강아지를 잃고 울던 여자아이가 와서 아이를 안았다. 그러더니 울음을 멈추고 웃었다. 그 다음에는 놀림받는 뚱뚱한 남자아이도 찾아오고, 멀리 사는 손자가 보고 싶은 할아버지도 오고…
모두들 행복을 느낀다.

와아~
개성있는데?

- 책이름 | 완두콩 오형제
- 읽은 기간 | 6월 3일
- 출판사 | 기탄동화
- 지은이 | 안데르센

제목 : 천사 같은 막내 완두콩.   날짜 : 6월 4일

　《완두콩 오형제》는 콩 꼬투리에 사는 완두콩 오형제 중 막내 완두콩의 이야기이다.
　어느 날 완두콩 오형제는 꼬투리 밖으로 나오게 되는데, 막내 완두콩은 몸이 많이 아픈 여자 아이가 살고 있는 집 창문에 떨어진다. 막내 완두콩은 자기가 땅 속에서 자라는 모습을 보여 주어 소녀의 건강을 되찾아 주었다. 그리고 완두콩 열매도 주었다. 소녀가 내년에 더 많은 완두콩을 보고 건강하라고 그렇게 한 것이다.
　막내 완두콩은 한 사람의 건강을 되찾아 주는 커다란 일을 했다. 나도 아직 어리지만 누군가에게 베풀 줄 아는 사람이 되어야겠다.

두 개의 독서록 모두 시간 순서대로 줄거리를 잘 정리했어요.
하지만 첫 번째 독서록처럼 내용만 적기보다는 두 번째 독서록처럼 막내 완두콩이 한 일을 보고 느낀 점, 그리고 앞으로의 다짐 등을 함께 적으면 더 좋은 독서록이 된답니다.

나는 독서록 쓰기 왕! 내가 쓰는 독서록

이번에는 내가 직접 써 보아요.
읽고 싶은 책을 골라 읽고 줄거리를 정리해 보세요.

- 책이름 | · 읽은 기간 |
- 출판사 | · 지은이 |

제목 :   날짜 :

4일 기억에 남은 부분을 써 보자.

책을 다 읽고 나면 기억에 남는 부분이 한두 가지쯤 있을 거예요. 매우 기뻤다거나 슬펐다거나 감동을 느낀 부분이 있지요. 이런 느낌은 그만큼 나의 마음을 움직였다는 뜻이기도 해요. 책의 줄거리를 쓰지 않고 가장 기억에 남는 부분을 쓰는 것도 독서록을 쓰는 좋은 방법 중 하나예요.

똑똑 독서록 박사 – 독서록 잘 쓰는 법 ④

📖 너무 감동적이야!

책은 읽는 이에게 기쁨을 주기도 하고 슬픔을 주기도 하고 감동을 주기도 해요. 가장 기뻤던, 혹은 가장 슬펐던, 내 기억에 남는 장면을 골라 써 보아요. 독서의 즐거움이 두 배로 커질 거예요.

또한 왜 기억에 남는지 이유를 함께 쓰면 나중에 다른 글을 쓸 때에도 나의 의견을 잘 표현할 수 있는 방법을 배우게 된답니다.

 읽고 싶었던 책을 골라 차근차근 읽어 보아요.

 읽고 난 후 머릿속에서 지워지지 않고 남는 장면을 떠올려요.

 어떤 이유에서 기억에 남는지 함께 기록해 보아요.

친구들은 기억에 남는 장면을 독서록에 어떻게 썼는지 볼까요?

첫 번째
독서록

- 책이름 | 어린이를 위한 우동 한 그릇
- 읽은 기간 | 6월 25~26일
- 출판사 | 청조사
- 지은이 | 구리 료헤이

제목 : 감동적인 우동 한 그릇.   날짜 : 6월 27일

엄마가 예전에 읽고 감동받던 책이 어린이용으로 나왔다며 읽어 보라고 하셨다.

나도 엄마처럼 큰 감동을 받았다. 가장 기억에 남는 부분은 엄마와 두 아들이 마지막으로 우동을 먹으러 온 장면이다.

엄마와 두 아들은 새해가 되면 우동가게에 와서 우동을 먹곤 했는데, 가난해서 한 그릇만 시켜서 나누어먹었다. 우동가게 주인은 이를 불쌍히 여겨 몰래 반 그릇을 더 주었다.

엄마와 두 아들이 마지막으로 우동가게에 왔다. 가족들은 우동을 먹으며 이야기를 했는데, 막내가 이 우동가게의 이야기를 웅변에서 발표 하였다고 했고 그 이야기를 들은 가족과 우동 가게 주인은 펑펑 울었다.

나는 가난하지만 사이좋은 가족과 몰래 우동을 더 준 마음씨 착한 우동가게 주인에게 큰 감동을 받았다.

우동 속 계란들이
울고 있네….

- 책이름 | 엄마의 풀꽃반지
- 읽은 기간 | 4월 26~27일
- 출판사 | 아이세움
- 지은이 | 원유순

제목 : 풀꽃사랑.　　　날짜 : 4월 28일

《엄마의 풀꽃반지》는 지수네 가족 이야기이다.

지수 아빠가 엄마를 위해 지수와 함께 풀꽃반지를 만들어 주는 장면이 가장 기억에 남았다.

엄마는 지수의 학원비를 마련하기 위해 결혼반지를 팔게 된다. 그 일로 아빠랑 엄마가 다투게 된다. 지수는 엄마 아빠가 싸우는 것을 보고 속상해한다.

직장을 그만두고 집에서 쉬고 있던 아빠는 엄마를 위해 풀꽃반지를 만들어 준다. 비싼 반지는 아니지만 풀꽃반지에 웃던 지수네 가족이 참 행복해 보였다.

두 독서록 모두 어느 부분이 왜 가장 기억에 남는지 그 이유를 잘 적었어요.
《어린이를 위한 우동 한 그릇》에서는 엄마와 두 아들이 마지막으로 우동가게에 간 장면에서 큰 감동을 받았다고 했어요. 주인이 가난한 가족을 위해 우동을 더 주었고, 가족들의 감동적인 사연도 알게 되었기 때문이죠. 《엄마의 풀꽃반지》에서는 아빠가 엄마를 위해 풀꽃반지를 만들어 준 장면이 가장 기억에 남는다고 적었어요. 지수네 가족이 행복해 보였기 때문이에요.
이렇게 가장 기억에 남는 부분을 생각해 보고 독서록에 자신의 생각과 함께 기록해 보아요.

나는 독서록 쓰기 왕! 내가 쓰는 독서록

이번에는 내가 직접 써 보아요.

책을 읽은 후 가장 기억에 남는 장면을 독서록에 써 보세요.

· 책이름 | · 읽은 기간 |

· 출판사 | · 지은이 |

제목 :   날짜 :

5일 나의 생각을 써 보자.

5일 나의 생각을 써 보자.

글을 쓸 때 가장 중요한 것은 나의 생각을 쓰는 거예요. 독서록을 쓸 때에도 마찬가지예요. 줄거리를 요약하고 정리하는 것도 중요하지만 책을 읽고 난 후 나만의 생각을 정리하는 습관을 들이면 글쓰기 실력을 높이는 데 많은 도움이 된답니다.

똑똑 독서록 박사 – 독서록 잘 쓰는 법 5

 나만의 생각을 표현해 보자.

똑같은 만화나 영화를 봐도 의견이 다를 수가 있어요. 의견이란 감상 후에 재미있다거나 슬프다거나 감동적이다거나 하는 나만의 생각이에요. 책을 읽을 때에도 마찬가지예요. 재미있는 부분도 있고 감동적인 이야기도 있고, 지은이와 다르게 인물의 성격이나 결론을 생각할 수도 있어요.

책을 읽고 느낀 나만의 특별한 생각을 독서록을 통해 나타내 보는 거예요. 책 전체 내용을 가지고 나의 생각을 표현할 수도 있고, 어려우면 어느 한 부분을 통해 나의 생각을 표현할 수도 있답니다.

 책을 읽고 나서 내용을 떠올리며 나의 생각을 정리해 보아요.

 책의 간략한 줄거리를 써 보아요.

 줄거리와 나의 생각을 함께 적어 보아요.

친구들은 나의 생각을 독서록에 어떻게 썼는지 볼까요?

첫 번째 독서록

- 책이름 | 세상에서 제일 잘난 나
- 읽은 기간 | 4월 15일
- 출판사 | 소담주니어
- 지은이 | 김정신

제목 : 주문을 외우자, 내가 최고야!   날짜 : 4월 16일

  민정이는 자신감이 부족한 아이였다. 민정이는 발표를 잘하는 영아를 부러워했다. 그 모습이 나와 비슷했다. 나도 답은 알지만 부끄러워 발표는 하지 않는다. 우리 반에도 영아처럼 발표를 잘하는 아이가 있는데 나도 그 아이가 부럽다.

  어느 날 민정이의 친구인 책벌레가 민정이에게 발표하기 전에 심호흡을 크게 하고 손을 들라고 했다. 알고 보니 민정이만 자신없어하는 것이 아니었다. 다른 친구들도 고개를 숙이고 쑥스러워하고 있었다.

  민정이는 책벌레의 도움으로 어느 순간 자신도 모르게 손을 들고 답을 말하게 되고, 선생님께 칭찬을 듣게 된다. 이 일로 민정이는 자신감을 얻게 된다.

  나도 이 책을 읽으면서 자신감이 생기는 것 같았다. 마치 책벌레가 나에게 발표하는 방법을 알려 주는 것 같았기 때문이다. 어쩌면 나도 내일부터 발표를 잘할 수 있을 것만 같다.

넌 할 수 있다!
넌 할 수 있다!

줄 서, 줄!

34

두 번째 독서록

- 책이름 ┃ 할머니 학교 가다
- 읽은 기간 ┃ 3월 1일
- 출판사 ┃ 와이즈아이
- 지은이 ┃ 한만영

제목 : 할머니 파이팅!   날짜 : 3월 2일

≪할머니 학교 가다≫는 표지의 그림부터 재미있었다.

일흔 살의 김언년 할머니는 공부를 하기 위해 학교에 들어가신다. 일흔 살에 학교에 들어가는 것이 부끄러웠지만 할머니는 반장도 하시고 8살 아이들과 친하게 지낸다.

하지만 공개수업 때 다른 아이들의 부모님들이 할머니가 학교에 다니는 것을 반대할 때 나는 너무 슬프고 화가 났다. 할머니는 공부가 하고 싶어서 그러시는 건데 왜 반대하는 걸까?

우리 할머니도 노인대학에 다니시며 음악도 배우시고 무용도 배우시는데, 나이에 상관없이 무엇이든 배우려는 건 좋은 것 같다. 할머니가 열심히 공부하는 모습을 보며 나도 공부를 열심히 해야겠다는 생각이 들었다. 이제 공부가 하기 싫을 때는 이 책을 다시 읽어 봐야지.

첫 번째 독서록은 자신감이 부족하여 발표를 잘하지 못했던 민정이가 자신감을 찾는 모습을 보여 주는 ≪세상에서 가장 잘난 나≫라는 책을 읽고 썼고, 두 번째 독서록은 일흔 살 할머니가 학교에 다니는 ≪할머니 학교 가다≫를 읽고 쓴 독서록이에요.

두 개의 독서록 모두 자신의 생각을 잘 써 주었어요. 나의 생각은 첫 번째 독서록처럼 어느 한 부분을 가지고 쓸 수도 있고 두 번째 독서록처럼 전체적인 내용을 가지고 쓸 수도 있어요.

첫 번째 독서록에서는 민정이와 나의 모습을 비교하며 민정이를 이해하고 나도 민정이처럼 자신감이 생기는 것 같다는 부분이 나의 생각을 정리한 부분이에요. 두 번째 독서록에서는 할머니가 공부하고 싶어 하고 할머니처럼 공부를 열심히 해야겠다는 나의 생각을 잘 표현하였답니다.

독서록에 나의 생각을 잘 써 보아요. 언제든 나의 생각과 주장을 펼치는 것이 글을 잘 쓰는 방법이랍니다.

나는 독서록 쓰기 왕! 내가 쓰는 독서록

이번에는 내가 직접 써 보아요.

책을 읽은 후 나의 생각을 독서록에 써 보세요.

· 책이름 | · 읽은 기간 |

· 출판사 | · 지은이 |

제목 :   날짜 :

6일 등장인물의 성격을 써 보자.

 책을 읽으면서 등장인물들의 성격을 파악하는 것도 매우 중요해요. 성격을 알면 책의 내용을 더 이해하기 쉽기 때문이에요. 그러면서 나의 이해력 또한 커진답니다. 등장인물의 성격을 잘 정리하여 독서록을 써 보아요.

똑똑 독서록 박사 – 독서록 잘 쓰는 법 ❻

📖 누가 누가 착할까?

 책을 차근차근 읽다 보면 등장인물의 성격이 눈에 들어와요. 말하는 것을 보아도 알 수 있고, 행동을 통해서도 알 수 있어요. 예를 들어 백설공주를 미워해서 독이 든 사과를 먹이는 왕비의 성격은 욕심쟁이이고 포악하다는 것을 알 수 있듯이 말이에요.

 등장인물의 성격을 다룬 독서록을 써 보며 일반 독서록과는 또다른 독서록의 매력을 마음껏 경험해 보세요.

 1단계 등장인물의 말과 행동에 주의를 기울이며 책을 천천히 읽어 보아요.

 2단계 등장인물의 말과 행동을 통해 성격을 파악해 보아요.

 3단계 등장인물의 성격을 독서록에 옮겨 보아요.

친구들은 등장인물의 성격으로 독서록을 어떻게 썼는지 볼까요?

첫 번째
독서록

- 책이름 | 오즈의 마법사
- 읽은 기간 | 7월 3~4일
- 출판사 | 인디고
- 지은이 | L. 프랭크 바움

제목 : 씩씩한 도로시와 친구들.　　　날짜 : 7월 5일

《오즈의 마법사》의 주인공은 도로시이다.

도로시는 활발하고 씩씩한 여자아이인데, 회오리바람에 휩쓸려 오즈의 나라로 오게 된다. 집을 찾기 위해 오즈의 마법사를 찾아나서면서 친구들을 만나게 된다.

보통 사자들과 달리 겁이 많아 용기를 갖고 싶어하는 사자, 생각하는 능력이 없어서 생각할 수 있는 머리를 원하는 허수아비, 양철처럼 차가운 마음을 가지고 있어서 따뜻한 마음을 가지고 싶어하는 양철 아저씨와 함께 오즈의 마법사를 찾아 모험을 떠난다.

하지만 이들은 원하는 것을 가지고 있었지만 모르고 있었던 것이다. 모험을 통해 도로시는 집을 찾게 되고, 친구들도 원하는 것을 찾게 되었다.

여기 어디쯤인 것 같은데?

38

두 번째 독서록

- 책이름 | 책으로 집을 지은 악어
- 읽은 기간 | 8월 21~22일
- 출판사 | 주니어김영사
- 지은이 | 양태석

제목 : 소심한 악어 아저씨!   날짜 : 8월 23일

《책으로 집을 지은 악어》에 나오는 악어 아저씨는 말도 별로 없고 얌전하다.

밖에 나가지도 않고 친구도 없이 매일 책만 본다. 다른 사람들은 그런 악어 아저씨를 이상하게 보았다. 악어 아저씨는 사람들이 버린 책을 보며 집에 쌓아두기만 했다. 사람들은 집에 쌓아둔 책을 보고 더럽다며 시청에 신고했다. 소심한 아저씨는 시청에 설명을 제대로 하지 못했다. 내성적인 성격에다 말도 더듬었기 때문이다. 하지만 책을 포기할 수 없었던 아저씨는 책으로 집을 만들어 버렸고, 사람들은 그 집을 보고 멋있어하며 책도 보았다.

악어 아저씨는 매일 책을 열심히 읽은 덕분에 말도 잘하게 되었고 아는 것도 많아지게 되었으며 작가가 되어 유명해졌다.

아저씨를 인터뷰하러 사람들이 찾아왔는데, 예전과 달리 말을 더듬지 않고 잘했다. 그래서 사람들은 악어 아저씨와 책을 좋아하게 되었다.

등장인물의 성격은 한 인물만 정해서 쓸 수도 있고 여러 인물의 성격을 쓸 수도 있어요. 하지만 성격만 쓰기보다는 두 번째 독서록처럼 악어 아저씨가 사람들도 만나지 않고 집에서 책만 보기 때문에 소심한 성격인 것을 안 것처럼, 왜 그런 성격인지, 무슨 일이 있어서 성격이 변하게 되었는지 이유를 함께 적어 주는 것이 좋아요.

나는 독서록 쓰기 왕! 내가 쓰는 독서록

이번에는 내가 직접 써 보아요.

책을 읽고 등장인물의 성격을 소개하는 독서록을 써 보세요.

· 책이름 | · 읽은 기간 |

· 출판사 | · 지은이 |

제목 :   날짜 :

7일 그림으로 표현해 보자.

책의 내용을 그림으로 표현하는 일은 이해력과 표현력을 기르는 데 많은 도움이 됩니다. 내가 읽은 내용을 그림으로 그릴 수 있다는 것은 책의 내용을 잘 이해했다는 뜻이고, 또한 표현하는 방법을 한 가지 더 알게 되는 것이기 때문이지요. 내가 이해한 책의 내용을 가지고 나만의 표현 방법으로 그림을 그려 보아요.

똑똑 독서록 박사 – 독서록 잘 쓰는 법 7

 **독서록을 스케치북으로 만들어 보자.**

그림독서록은 그림일기와 비슷하다고 생각하면 돼요. 다만 그림일기가 나의 이야기라면, 그림독서록은 등장인물의 이야기라는 점이 다를 뿐이지요.

이야기의 한 장면을 꼽아서 그릴 수도 있고, 등장인물의 성격이나 이미지를 그림으로 표현하는 방법도 있어요. 또한 나의 생각을 그림으로 표현할 수도 있겠지요. 방법은 정해져 있지 않아요. 책의 내용과 관련된 것들을 내 생각대로 그리면 된답니다.

 1단계 책을 읽고 난 후 떠오르는 장면을 생각해 보아요.

 2단계 떠오른 장면이나 등장인물의 모습을 그림으로 그려 보아요.

 3단계 다 그린 후 간단한 설명이나 나의 느낌을 덧붙여 봅니다.

친구들은 그림독서록을 어떻게 썼는지 볼까요?

• 책이름 | 용구 삼촌
• 읽은 기간 | 6월 24~25일
• 출판사 | 산하
• 지은이 | 권정생

제목 : 내가 그린 용구 삼촌.   날짜 : 6월 26일

용구 삼촌을 그려 보았다.
낡은 옷에 머리도 단정하지 않지만
웃는 모습은 예쁠 것 같다. 그리고 분명
소 고삐를 놓고 다녔기 때문에 소를
잃어버렸을 것이다.
그래도 난 용구 삼촌이 참 좋다.

용구 삼촌

그러게 용구 삼촌
잘 지키랬지?

...

용구 삼촌을
찾습니다.

두 번째
독서록

- 책이름 | 괜찮아 괜찮아 슬퍼도 괜찮아!
- 읽은 기간 | 6월 29~30일
- 출판사 | 길벗스쿨
- 지은이 | 제임스 J. 크라이스트

제목 : 슬플 때는 나처럼 해 봐!   날짜 : 7월 1일

 이 책에서는 사람이 슬픔을 느끼는 것은 당연하다고 했다. 그리고 슬픔을 이겨내는 여러 가지 방법을 알려 주었다. 나도 책에서 알려 준 것처럼 슬퍼지면 춤을 추어야겠다.

 첫 번째 독서록은 《용구 삼촌》을 읽고 내가 생각하는 용구 삼촌을 그린 것이고, 두 번째 독서록은 《괜찮아 괜찮아 슬퍼도 괜찮아!》를 읽고 슬플 때 자신은 어떻게 하는지, 슬퍼하는 친구에게 어떻게 말해 줄 것인지를 그림으로 표현했어요. 이처럼 줄거리뿐만 아니라 자신의 생각도 그림으로 표현할 수 있답니다.

나는 독서록 쓰기 왕! 내가 쓰는 독서록

이번에는 내가 직접 써 보아요.

책을 읽고 인상깊었던 장면을 그림으로 표현해 보세요.

· 책이름 | · 읽은 기간 |

· 출판사 | · 지은이 |

제목 :   날짜 :

8일 시로 표현해 보자.

책을 읽고 인상깊었던 장면을 시로 표현해 보면 어떨까요? 그냥 글로 쓰는 것보다 더 재미있을 것 같지 않나요? 책의 내용을 이해하고 그에 맞는 주제를 찾아서 동시로 만들어 보아요.

똑똑 독서록 박사 – 독서록 잘 쓰는 법 8

 책을 노래해 보자.

동시는 노래를 부르는 것과 비슷해요. 반복되는 말을 넣고 글자 수를 비슷하게 하여 리듬을 살리는 것이 중요하지요. 책을 읽고 나서 동시로 만들 주제를 정한 뒤 적당한 낱말을 고르고, 되도록 짧은 문장을 사용해요. 같은 말을 반복하면 의미를 더 강조할 수 있답니다. 또한 "반짝반짝" "딸랑딸랑" 같은 표현도 동시에서는 아주 좋은 표현이에요. 내용을 다 쓴 후에는 리듬을 살려서 읽어 보며 고칠 부분을 찾아 고쳐나가면 동시가 완성됩니다.

 1단계 책을 읽으며 동시로 만들 주제를 하나 정해 보아요.

 2단계 적당한 단어를 선택하여 리듬에 맞추어 동시를 써 보아요.

 3단계 노래를 부르듯 읽어 보며 고쳐나가요.

- 책이름 | 삐거덕 아저씨와 달그락 아줌마
- 읽은 기간 | 7월 3~4일
- 출판사 | 나비
- 지은이 | 정하섭

제목 : 삐거덕 삐거덕 아저씨!   날짜 : 7월 5일

삐거덕 삐거덕 아저씨
삐거덕 삐거덕 소리처럼
성격도 삐거덕 삐거덕

달그락 달그락 아줌마
달그락 달그락 소리처럼
성격도 달그락 달그락

삐거덕 삐거덕 아저씨
달그락 달그락 아줌마
서로 만나 우당탕 우당탕

《삐거덕 아저씨와 달그락 아줌마》에 나오는 아저씨와 아줌마는 움직일 때마다 온몸에서 소리가 난다. 몸에서 나는 소리만큼 무섭지만 아저씨와 아줌마는 서로의 사연을 알게 되고 나중에는 서로 좋아하게 된다. 두 사람이 함께 있으면 왠지 더 큰 소리가 날 것 같다.

- 책이름 | 내 짝꿍이 최고야
- 읽은 기간 | 4월 28일
- 출판사 | 크레용하우스
- 지은이 | 수지 클라인

제목 : 내 짝꿍이 최고야!   날짜 : 4월 29일

내가 하하호호 웃으면

내 짝꿍도 나 따라 하하호호

내가 훌쩍훌쩍 울면

내 짝꿍도 나 따라 훌쩍훌쩍

내 짝꿍이 최고야!

내가 냠냠쩝쩝 밥 먹으면

내 짝꿍도 나 따라 냠냠쩝쩝

내가 쓱쓱싹싹 청소하면

내 짝꿍도 나 따라 쓱쓱싹싹

내 짝꿍이 최고야!

《내 짝꿍이 최고야》에 나오는 짝꿍인 허비와 레이의 모습을 보고 나도 내 짝꿍 생각이 나서 동시를 지어 보았다. 내일 짝꿍에게 보여 줘야지.

두 독서록 모두 의성어와 의태어를 이용하고 글자 수를 맞추어 동시를 잘 지었어요.
차이가 있다면 첫 번째 동시독서록은 《삐거덕 아저씨와 달그락 아줌마》의 내용을 잘 활용하였고, 두 번째 동시독서록은 《내 짝꿍이 최고야》의 내용보다는 나의 짝꿍을 대상으로 동시를 지어 주었어요.

나는 독서록 쓰기 왕! 내가 쓰는 독서록

이번에는 내가 직접 써 보아요.

책을 읽고 주제를 선정하여 동시독서록을 써 보세요.

- 책이름 |
- 출판사 |
- 읽은 기간 |
- 지은이 |

제목 :   날짜 :

9일 편지를 써 보자.

책을 읽고 주인공이나 그 외의 등장인물에게 편지를 써 보아요.

이렇게 여러 종류의 글쓰기에 도전하다 보면 어떤 글을 어떤 방법으로 써야 할지 잘 알 수 있게 된답니다.

똑똑 독서록 박사 – 독서록 잘 쓰는 법 9

📖 주인공에게 하고 싶은 말을 써 보아요.

책을 읽다가 가끔 주인공이나 등장인물에게 하고 싶은 말이 있을 때가 있어요. 좋았던 부분이나 부러웠던 부분, 아니면 혼을 내 주고 싶을 때도 있지요. 그럴 때 그 대상에게 편지를 써 보는 거예요. 꼭 등장인물이 아니어도 좋아요. 책을 쓴 작가 선생님에게 쓰는 방법도 있어요.

편지 쓸 상대를 골랐다면 먼저 인사와 자기 소개를 한 후, 하고 싶은 말을 써요. 그리고 끝인사로 마무리를 지으면 편지독서록이 완성된답니다.

 1단계 책을 읽고 편지 쓸 상대를 골라 보아요.
누구에게 써야 한다고 정해진 것은 없답니다.

 2단계 상대를 골랐다면 그 상대에게 하고 싶은 말과 나의 생각을 밝혀 보아요.

 3단계 끝인사와 함께 편지를 마무리짓습니다.

친구들은 편지독서록을 어떻게 썼는지 볼까요?

첫 번째
독서록

- 책이름 | 할머니, 어디 가요? 굴 캐러 간다!
- 읽은 기간 | 3월 6일
- 출판사 | 보리
- 지은이 | 조혜란

제목 : 옥이야, 안녕?　　　　　날짜 : 3월 7일

옥이야, 안녕?

나는 서울에 사는 예원이라고 해. 나도 너처럼 이번에 1학년이 되었어.

이번에 책을 통해 너의 이야기를 알게 되었는데, 난 네가 너무 부러워.

나는 서울에서 태어나 쭉 서울에서만 살았어. 그래서 시골이 어떤 곳인지 잘 몰라.

네 생활이 너무 재미있게 보였어. 할머니와 같이 살며 굴도 캐고 조개도 캐고 말이야. 감태라는 것도 처음 알게 되었어. 겨울에 먹을 양식들이 얼마나 귀한지도 느꼈지. 모두 다 네 덕분이야.

추운 겨울 감기 조심하고, 나도 시골에 놀러 가면 더 많은 것을 알려 줘.

그럼 이만 줄일게, 안녕~!

옥이, 잘 지내지?

응, 예원아.
너도 별일없지?

- 책이름 | 엄마는 외계인
- 읽은 기간 | 5월 7일
- 출판사 | 아름다운사람들
- 지은이 | 박지기

제목 : 작가 선생님, 안녕하세요?   날짜 : 5월 8일

선생님, 안녕하세요?

저는 한국초등학교에 다니는 김윤희라고 해요.

이번에 ≪엄마는 외계인≫을 읽고 편지를 쓰게 되었어요.

이 책을 보고 저는 그만 울어 버렸어요. 솔이네 엄마가 병에 걸린 것을 어떻게 외계인이라고 표현하실 생각을 다 했는지, 대단하면서도 슬펐거든요.

솔이네 엄마는 돌아가셨지만 솔이는 엄마가 다른 별에서 행복하게 산다고 믿으며 잘 지낼 거예요. 그렇죠?

저도 책을 읽고 씩씩하게 지내고 엄마에게 더 잘해 드려야겠다고 생각했어요.

저에게 이런 생각을 하게 해 주셔서 감사해요!

그럼 더 좋은 책 많이 만들어 주세요.

– 김윤희 올림

첫 번째 독서록과 두 번째 독서록은 다른 독서록과는 조금 달라요. 글쓰기 형식이 편지글이기 때문이죠. 첫 번째 독서록은 ≪할머니, 어디 가요? 굴 캐러 간다!≫를 읽고 주인공인 옥이에게 부럽다는 편지를 썼어요. 두 번째 독서록은 ≪엄마는 외계인≫을 읽고 작가 선생님에게 고마운 마음을 담은 편지를 썼어요. 편지를 쓰는 상대가 누구인지에 따라 내용은 달라지지만, 편지쓰기도 독서록을 잘 쓰는 방법 중 하나랍니다.

나는 독서록 쓰기 왕! 내가 쓰는 독서록

이번에는 내가 직접 써 보아요.
주인공이나 작가 선생님에게 보내는 편지 형식의 독서록을 써 보세요.

• 책이름 | • 읽은 기간 |

• 출판사 | • 지은이 |

제목 :   날짜 :

10일 주인공이 되어 보자.

책을 읽다 보면 너무나 부럽게 느껴지는 주인공이 있을 거예요.

예쁜 유리구두를 신고 멋진 왕자님을 만나는 신데렐라처럼 말이죠. 또 어떤 때는 내가 주인공이라면 그렇게 하지 않았을 텐데, 하는 부분도 있을 거예요. 내가 책의 주인공이 된다면 어떨까요?

똑똑 독서록 박사 – 독서록 잘 쓰는 법 ⑩

📖📖 내가 주인공이 된다면?

내가 주인공이 되어 독서록을 쓰면 좀더 재미있게 글을 쓸 수 있을 거예요. 주인공이 되었다고 생각하고 쓰는 글에는 크게 두 가지 방법이 있어요. 첫 번째는 '내가 만약 ～라면'으로 시작할 수 있고, 두 번째로는 주인공 이름을 내 이름으로 바꾸어서 내가 작가가 되어 쓸 수도 있어요. 이런 방법으로 독서록을 쓰게 되면 상상력을 기를 수 있고 창의성도 키울 수 있답니다.

 1단계 등장인물의 성격과 배경을 생각하며 책을 읽어요.

 2단계 내가 주인공이 된 모습을 머릿속에 그려 보아요.

 3단계 상상한 모습을 독서록에 옮겨 보아요.

친구들은 자신이 주인공이 되어 독서록을 어떻게 썼는지 볼까요?

첫 번째 독서록

- 책이름 | 잠자는 숲 속의 공주
- 읽은 기간 | 5월 30일
- 출판사 | 대원키즈
- 지은이 | 편집부

제목 : 내가 잠자는 숲 속의 공주라면?　　　날짜 : 5월 31일

　학교 도서관에서 ≪잠자는 숲 속의 공주≫를 빌려 보았다.

　나는 잠자는 숲 속의 공주가 부러웠다. 그래서 내가 공주라면 어떨까? 하는 생각을 해 보았다. 내가 잠자는 숲 속의 공주라면 편하게 잠만 자고 그 때 백마 탄 왕자님이 내 앞에 나타나겠지?

　하지만 또 한편으로는 답답할 것만 같았다. 매일 그렇게 잠만 자면 친구들과 놀 수도 없고 맛있는 것도 먹을 수 없으니까 말이다. 내가 잠자는 숲 속의 공주였다면 실컷 놀다가 왕자님이 올 때쯤 자는 척을 할 것이다.

저렇게 안 잤다는 증거가 있는데도 속일 작정인가?

난 모르는 일이에요.

두 번째 독서록

- 책이름 | 할머니를 팔았어요
- 읽은 기간 | 8월 1~2일
- 출판사 | 샘터
- 지은이 | 박현숙

제목 : 할머니를 보내지 않을 거야.　　　날짜 : 8월 3일

　처음에는 문방구 할아버지에게 천 원에 할머니를 팔아 버린 대발이가 미웠다. 그러나 나중에는 잘 됐다는 생각도 들었다. 집안 일이 힘드신 할머니에게 좋은 친구가 생겼으니까 말이다.

　할아버지와 할머니의 소문이 창피하다며 할머니를 미국에 사는 고모네로 보낸 대발이의 엄마, 아빠가 미웠다. 나라면 절대 할머니를 창피해하지 않을 것이고 미국으로 보내지도 않을 것이고 오히려 대발이를 칭찬해 주었을 것이다.

　내가 대발이의 엄마였다면 할머니를 보내지 않고 할아버지와 더 좋은 친구가 되도록 도와 주었을 텐데….

　첫 번째 독서록은 자신이 '잠자는 숲 속의 공주'가 되었다고 상상하며 썼고, 두 번째 독서록은 자신이 《할머니를 팔았어요》의 주인공 대발이의 엄마였다면 어떻게 했을지에 대해서 썼어요.
　일반적으로 주인공이 되었을 때의 모습을 상상할 수 있고, 두 번째 독서록처럼 주인공이나 다른 등장 인물들에게 아쉬운 점이나 화가 나는 점이 있을 때 나라면 어떻게 했을지에 대해 쓸 수도 있답니다.

나는 독서록 쓰기 왕! 내가 쓰는 독서록

이번에는 내가 직접 써 보아요.
내가 만약 책의 주인공이라면 어떻게 했을지 독서록에 써 보세요.

- 책이름 |
- 출판사 |
- 읽은 기간 |
- 지은이 |

제목 :   날짜 :

11일 만화로 만들어 보자.

책을 읽고 가장 기억에 남는 장면이나 재미있었던 부분을 만화로 그려 보아요.

만화로 꾸미는 일은 그 장면을 더 이해하기 쉽고, 한눈에 볼 수 있게 해 주어요. 또 표현력이나 구상력을 키워 주어요. 구상력이란 어떠한 것에 대한 전체적인 구성이나 순서를 정리할 수 있는 능력을 말해요.

똑똑 독서록 박사 - 독서록 잘 쓰는 법 11

📖 독서록 안에 만화책이!

만화독서록을 그리기 위해서는 우선 책의 줄거리를 잘 이해해야 해요. 그래야 만화로 만들 장면을 골라낼 수 있을 테니까요. 그리고 만화로 만들기에 적당한 칸 수를 정하고 구상해 보아요. 첫 번째 칸부터 마지막 칸까지 어떤 그림을 넣을지 순서에 맞도록 말이지요. 그리고 만화와 함께 간단한 설명과 나의 생각이 들어간다면 좋은 만화독서록이 완성된답니다.

 책을 잘 읽고 기억에 남는 부분을 머릿속에 떠올려 보아요.

 그 장면을 만화로 구상해 보아요.

 순서에 맞게 그린 후 설명과 함께 나의 생각을 써 보아요.

- 책이름 | **100원의 여행**
- 읽은 기간 | **8월 13~15일**
- 출판사 | **자람**
- 지은이 | **양미진**

제목 : 100원의 오해.   날짜 : 8월 16일

- 책이름 | 벌렁코 하영이
- 읽은 기간 | 9월 2~3일
- 출판사 | 사계절
- 지은이 | 조성자

제목 : 고양이 할머니 눈이 빨간 이유는?　　　　날짜 : 9월 4일

　하영이네 주인집 할머니는 매일 무서운 표정으로 아이들을 대한다. 눈도 빨개서 매일 밤 고양이를 잡아먹는 '고양이 할머니'라고 불린다. 하영이도 처음에는 그렇게 생각했지만, 알고 보니 할머니는 어려서 죽은 딸이 보고 싶어서 매일 밤 울기 때문이라는 사실을 알게 된다. 나중에 하영이와 할머니가 잘 지내게 되지만, 그런 할머니가 불쌍했다.

첫 번째 독서록은 100원이 착한 아빠와 아들을 오해한 장면을 만화로 꾸몄고, 두 번째 독서록은 '고양이 할머니'의 눈이 빨간 이유를 알 수 있도록 만화를 그리고 그 아래에 설명도 달아 주었어요. 두 번째 독서록처럼 만화와 설명글 및 나의 생각까지 함께 적으면 더 좋은 독서록이 된답니다.

나는 독서록 쓰기 왕! 내가 쓰는 독서록

이번에는 내가 직접 그려 보아요.
책을 읽고 인상깊은 장면을 만화로 그려 보는 거예요.

- 책이름 |
- 출판사 |

- 읽은 기간 |
- 지은이 |

제목 :   날짜 :

12일 생각독서록(마인드맵독서록)을 만들어 보자.

마인드맵이란 '생각의 지도'를 말하는 거예요.

책을 읽고 생각나는 단어들을 관련있는 것끼리 꼬리를 이어가며 지도를 그리는 거예요.

이런 마인드맵을 독서록에 활용해 보세요. 마인드맵은 나의 생각을 효과적으로 정리할 수 있도록 도와 주고, 창의적인 사고력과 기억력 및 집중력을 키우는 데 큰 도움이 된답니다.

똑똑 독서록 박사 – 독서록 잘 쓰는 법 ⑫

 나의 생각을 연결해 보자.

마인드맵을 만들려면 우선 가장 큰 주제가 있어야 해요. 책 제목이 될 수도 있고 주인공의 이름이 될 수도 있겠지요. 큰 주제를 중심에 놓고 곁가지를 만들어 다음 주제를 써넣어요. 배경이 될 수도 있고 다른 등장인물이나 사물이 될 수도 있어요. 큰 것에서부터 작은 것으로 이어지도록 가지를 만들어나가며 연관된 것들을 모두 적어 보아요.

 1단계 책을 읽고 중심이 될 큰 주제를 선정해 보아요.

 2단계 큰 주제를 가운데에 적고 가지를 그려 작은 주제를 써넣어 봅니다.

 3단계 계속 가지를 넓혀가며 마인드맵을 완성시켜요.

친구들은 마인드맵독서록을 어떻게 썼는지 볼까요?

첫 번째 독서록

- 책이름 | 어린왕자
- 읽은 기간 | 8월 22~25일
- 출판사 | 비룡소
- 지은이 | 생 텍쥐페리

제목 : 어린왕자의 여행.　　　날짜 : 8월 26일

중심 단어 : 어린왕자의 여행

첫 번째 가지 - 어린왕자의 별 - 오만한 장미

두 번째 가지 - 첫 번째 별 - 나쁜 왕

세 번째 가지 - 두 번째 별 - 허영심 많은 사람

네 번째 가지 - 세 번째 별 - 술만 먹는 술꾼

다섯 번째 가지 - 네 번째 별 - 숫자만 세는 실업가

여섯 번째 가지 - 다섯 번째 별 - 성실히 가로등만 켜는 사람

일곱 번째 가지 - 여섯 번째 별 - 모험심 없는 지리학자

여덟 번째 가지 - 지구 - 사막여우

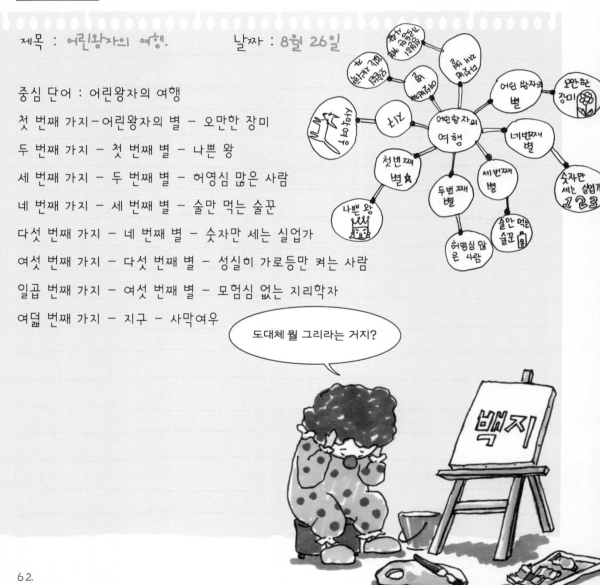

도대체 뭘 그리라는 거지?

백지

- 책이름 | 초등학생을 위한 나의 라임 오렌지나무
- 읽은 기간 | 10월 11~15일
- 출판사 | 동녘
- 지은이 | J. M. 바스콘셀로스

제목 : 제제.   날짜 : 10월 16일

중심 단어 : 제제

첫 번째 가지 - 주위 사람들 - 뽀루뚜까 아저씨 - 제제의 다리를 치료해 줌 - 까르롯따 여왕

　　　　　　　 - 세실리아 선생님 - 튀김과자와 꽃병

　　　　　　　 - 또또까형 - 망고나무

　　　　　　　 - 루이스 - 장난감트럭

　　　　　　　 - 에드문드 아저씨 - 달빛망아지

두 번째 가지 - 라임 오렌지나무 - 밍기뉴 - 슈르르까
세 번째 가지 - 놀이 - 동물원놀이

　　　　　　 - 박쥐놀이

　　　　　　 - 인디언놀이

　제제에게는 슬픈 일도 많고 속상한 일도 많지만 주위에 좋은 사람들이 많았다. 밍기뉴가 제제의 이야기를 들어 주고 슬픔을 함께 하는 모습을 보며 나도 그런 나무가 갖고 싶었다.

첫 번째 독서록은 《어린왕자》를 읽고 '어린왕자의 여행'이라는 큰 주제를 가지고 마인드맵을 그려나갔고, 두 번째 독서록은 《나의 라임 오렌지나무》를 읽고 주인공인 '제제'를 큰 주제로 잡았어요.
첫 번째 독서록처럼 배경과 등장인물의 성격을 연결할 수도 있고, 두 번째 독서록처럼 제제 주변의 사람들, 나무, 놀이 등 여러 가지를 연결할 수도 있어요.

나는 독서록 쓰기 왕! 내가 쓰는 독서록

이번에는 내가 직접 써 보아요.

책을 읽고 중심 주제를 정한 후 연상되는 관련 단어들을 가지로 이어가는 거예요.

• 책이름 | • 읽은 기간 |

• 출판사 | • 지은이 |

제목 :   날짜 :

13일 배운 점을 적어 보자.

모든 책에는 배울 점이 있어요. 그렇기 때문에 책은 '마음의 양식'이라고 불리지요. 국어 교과서가 국어를 알려 주고 수학 문제집이 수학을 잘하는 방법을 알려 주듯이 다른 책을 통해서도 여러 가지를 배울 수 있어요. 꼭 지식만이 아니라, 어떤 가치관을 가지고 살아야 하는지에 대해서도 배울 수 있답니다.

똑똑 독서록 박사 – 독서록 잘 쓰는 법 ⑬

 책에는 배울 것이 많아요!

나는 앞으로 어떤 어린이가 되어야 할까요? 시험에서 1등하는 어린이만 대단한 것이 아니에요. 책을 통해 배운 것을 실천하는 것도 중요한 일이랍니다.

책을 읽고 내가 실천하고 싶은 점들을 기록해 보세요. 그러면 잊지 않고 실천하는 착한 어린이가 될 수 있을 거예요.

 1단계 | 선생님이나 부모님께 도움이 될 만한 책을 추천해 달라고 해 보아요.

 2단계 | 책에서 배울 점, 실천하고 싶은 것들을 옮겨 보아요.

 3단계 | 나의 생각과 다짐도 함께 적어 보아요.

친구들은 배운 점에 대해 독서록을 어떻게 썼는지 볼까요?

- 책이름 | 너는 네 생각보다 훨씬 더 잘할 수 있어!
- 읽은 기간 | 8월 18~19일
- 출판사 | 맑은소리(동반인)
- 지은이 | 이지성

제목 : 생각을 바꾸자!　　　　　날짜 : 8월 20일

≪너는 네 생각보다 훨씬 더 잘할 수 있어!≫에는 배울 점이 참 많다.

우선 뭔가를 할 때에는 생각부터 바꿔야 한다고 한다.

난 아직 잘 모르겠지만, 사람은 생각대로 행동한다고 한다.

무슨 일이든 자신있다고 생각하면 정말로 자신이 생겨서 좋은 결과를 이루지만,

반대로 자신이 없다고 생각하면 또 그렇게 된다고 한다.

아, 봐! 물 위를 걸을 수 있을 것 같아!

생각을 바꿔!

• 책이름 | 갈매기의 꿈
• 읽은 기간 | 9월 16~19일
• 출판사 | 지경사
• 지은이 | 리처드 바크

제목 : 나도 조나단처럼!   날짜 : 9월 20일

  갈매기 조나단은 다른 갈매기들과는 달랐다.

  다른 갈매기들은 먹기 위해서 사는데, 조나단은 더 멋지게 살기 위해 나는 연습을 많이 했다. 다른 갈매기들보다 더 높고 멀리 날기 위해서였다.

  다른 갈매기들은 그런 조나단을 이해하지 못하고 따돌리지만, 조나단은 끝까지 포기하지 않았다. 결국 제일 잘 나는 갈매기가 된 조나단은 친구들도 생기고 제자들도 생겼다.

  나도 조나단처럼 꿈을 갖고 그 꿈을 이루기 위해 열심히 노력하는 어린이가 되어야겠다. 그러면 언젠가는 꼭 이루어질 것 같기 때문이다.

첫 번째 독서록과 두 번째 독서록에는 다른 점이 있어요.
첫 번째 독서록은 배운 점만 적었지만 두 번째 독서록은 조나단이 한 일을 보고 배운 점과 나도 조나단처럼 노력할 것이라는 다짐을 함께 적었어요. 이렇게 나의 다짐까지 적으면 더 좋은 독서록이 될 수 있어요.

나는 독서록 쓰기 왕! 내가 쓰는 독서록

이번에는 내가 직접 써 보아요.
책을 읽고 나서 배운 점을 나의 각오와 함께 독서록에 옮겨 보는 거예요.

• 책이름 | • 읽은 기간 |

• 출판사 | • 지은이 |

제목 :   날짜 :

14일 이야기를 바꿔 보자.

책의 원래 이야기와 다르게 내용을 바꿔 보는 거예요.

내 생각에 "이 부분은 이랬으면 좋겠는데"라고 생각하는 부분을 독서록에서 바꿔 보는 거지요. 이야기를 바꾸어 직접 글을 써 보면 동화 쓰는 원리도 이해하게 되고 상상력도 키울 수 있어요.

똑똑 독서록 박사 – 독서록 잘 쓰는 법 14

📖 내가 다시 만드는 이야기!

이야기를 바꾸는 여러 방법 가운데 등장인물의 성격을 바꾸는 방법이 있어요. 착한 사람을 나쁘게, 나쁜 사람을 착하게 바꾸면 이야기는 완전히 달라지지요. 예를 들어 백설공주에 나오는 왕비를 착한 인물로 바꾸면 백설공주가 독이 든 사과를 먹고 잠드는 일은 일어나지 않았을 거예요. 또 주인공을 바꾸거나 주인공의 직업, 말과 행동을 바꾸더라도 이야기는 180도 달라질 수 있어요.

 1단계 이야기에 나오는 등장인물의 성격과 사건을 잘 파악하며 책을 읽어 보아요.

 2단계 어떤 부분을 바꾸고 싶은지 생각해 보아요.

 3단계 바꾸고 싶은 부분을 내가 원하는대로 지어서 적어 보아요.

친구들은 이야기를 바꾸어 독서록을
어떻게 썼는지 볼까요?

- 책이름 | 단추와 단춧구멍
- 읽은 기간 | 9월 8~9일
- 출판사 | 어린이작가정신
- 지은이 | 한상남

제목 : 내 단춧구멍은 별모양.   날짜 : 9월 10일

나는 단추이다. 그리고 나의 단춧구멍은 별모양이다.

사람들은 단추인 나보다 별모양의 단춧구멍을 더 신기해한다.

영민이도 나보다 단춧구멍을 더 좋아하고, 사람들 모두 단춧구멍을 예뻐한다.

나는 화가 나서 단춧구멍과 싸우고 단춧구멍을 살짝 깨뜨려 별모양에 흠집이 가게 했다.

그런데 이게 어떻게 된 일이지?

나는 분명 단춧구멍을 공격했는데 내가 아팠다. 그리고 나와 단춧구멍은 하나라는 것을 깨달았다. 그래서 나는 단춧구멍에게 사과를 했고, 착한 단춧구멍은 나의 사과를 받아 주어 우리는 좋은 사이가 될 수 있었다.

흑흑, 티 안 나게 잘 붙여 주세요.

흠… 좀 어렵겠는데요?

삐에로 성형외과

- 책이름 | 아기제비 번지점프 하다
- 읽은 기간 | 12월 2~3일
- 출판사 | 소년한길
- 지은이 | 배다인

제목 : 나는 아기제비.　　날짜 : 12월 4일

　나는 아직 날지 못하는 아기제비예요.

　나는 잘못하여 둥지에서 수정이네 마루로 떨어졌어요. 수정이는 아파하는 나를 치료해 주었어요. 그 때부터 나는 부지런히 나는 연습을 했어요. 오빠, 언니들이 엄마가 물어다 주는 먹이를 먼저 먹었지만 나도 지지 않고 열심히 받아먹었어요. 그리고 하늘을 날 수 있게 되자 나는 수정이를 따라다녔어요. 수정이가 학교 친구들이 자기를 놀린다며 울면서 나를 찾아왔었거든요. 그래서 나는 수정이 친구들을 혼내 주기로 했어요.

　수정이를 따라 학교에 가자 친구들이 수정이 주위로 몰려들기 시작했어요. 내가 따라다니는 것이 신기한가 봐요. 이후 친구들은 수정이를 따돌리지 않게 되었어요.

　시골 학교로 전학 온 수정이가 철봉을 못해서 친구들에게 겁쟁이라며 놀림을 받는 것이 싫었다. 그래서 수정이에게 고마워하는 아기제비를 주인공으로 해서 수정이를 도와 주게 하고 싶었다.

　이렇게 주인공을 바꾸어 쓰게 되면 일어나는 사건도 내가 원하는대로 자연스럽게 바꿀 수가 있답니다. 내가 작가가 되었다는 생각으로 이야기를 바꿔 써 보아요. 두 번째 독서록처럼 왜 그렇게 바꾸었는지 이유도 함께 적으면 이해가 더 잘 되겠지요.

나는 독서록 쓰기 왕! 내가 쓰는 독서록

이번에는 내가 직접 써 보아요.

주인공 자체를 바꾸거나 인물의 성격, 사건 등을 바꾸어 독서록을 써 보는 거예요.

· 책이름 | · 읽은 기간 |

· 출판사 | · 지은이 |

제목 :   날짜 :

아빠가 보는 TV 뉴스나 신문을 여러분도 한 번쯤은 본 적이 있을 거예요.

뉴스나 신문 기사는 실제로 일어난 사실을 사람들에게 정확하게 전달하는 역할을 하지요. 책의 내용을 뉴스나 신문 기사처럼 바꾸어 보는 연습을 해 보아요.

똑똑 독서록 박사 – 독서록 잘 쓰는 법 ⑮

📖 무슨 일이 일어난 걸까?

기사는 다른 사람에게 사실을 있는 그대로 전달해 주는 거예요. 그러므로 기사는 '누가, 언제, 어디서, 무엇을, 왜, 어떻게'라는 육하원칙을 이용해서 독자가 알기 쉽고 정확하게 쓰는 것이 가장 중요해요. 또한 제목도 궁금증을 불러일으킬 수 있는 것으로 정합니다. 여러분이 잘 알고 있는 신데렐라 이야기를 예로 들어 볼게요.

신데렐라 이야기	신데렐라 이야기를 기사로 바꾸면
	제목 : 신데렐라는 왜 사라졌을까?
신데렐라는 왕자님과 춤을 추다가 시계가 12시를 울리자 얼른 성을 빠져나왔어요. 급하게 나오다가 그만 계단에 유리구두 한 짝을 떨어뜨렸지요.	왕자님과 춤을 추던 신데렐라가 12시경 갑자기 달아났다고 합니다. 알고 보니 요정이 신데렐라에게 걸어 준 마법 때문이라고 합니다. 왕자님에게 변한 모습을 보여 주기 싫었던 신데렐라는 그만 유리구두 한 짝을 떨어뜨렸고, 왕자님은 유리구두를 가지고 신데렐라를 찾고 있다고 합니다.

 사건들을 잘 파악하며 이야기를 읽어 봅니다.

 기사로 쓸 사건을 정하고, 어떻게 전달할지 생각해 보아요.

 생각한 것을 정리하여 육하원칙에 따라 독서록에 옮겨 보아요.

친구들은 기사 방식으로 독서록을 어떻게 썼는지 볼까요?

- 책이름 | **책 읽어 주는 바둑이**
- 읽은 기간 | **5월 13일**
- 출판사 | **처음주니어**
- 지은이 | **이상배**

제목 : 철수는 어디로 간 것일까?　　　　날짜 : 5월 14일

　어느 일요일, 하루종일 게임만 해서 엄마에게 꾸중을 들은 철수가 갑자기 사라졌다고 합니다. 사라졌다가 돌아온 철수는 책벌레가 되어서 돌아왔는데요, 알고 보니 바둑이와 함께 망태귀신의 집으로 끌려갔었다고 합니다.

　망태귀신의 집은 아주 커다란 책집이었는데, 그 안에서 책을 읽고 재미있다는 것을 느끼고 돌아왔다고 합니다. 앞으로 책을 싫어하는 아이들은 망태귀신의 집에 다녀오면 변할 수 있을 것 같습니다.

> 밤새 철수가 악몽을 꾸는 현장에서 강가딘이었습니다.

> 으으... 지금 읽어요 읽고 있다구요!

- 책이름 | 톰 소여의 모험
- 읽은 기간 | 11월 13~15일
- 출판사 | 시공주니어
- 지은이 | 마크 트웨인

제목 : 장례식장에 나타난 아이들.　　　　　날짜 : 11월 16일

깜짝 놀랄 소식을 전하겠습니다.

톰 소여와 그의 친구들의 장례식이 있던 날, 아이들이 나타났습니다.

어른들은 아이들이 죽은 줄로만 알고 찾기를 포기하고 장례식을 치르려고 했는데 아이들이 나타난 것입니다.

사람들은 모두 기적이라며 기뻐했습니다.

알고 보니 아이들은 모험을 하겠다며 배를 타고 반대쪽 섬까지 갔다온 것이었습니다.

《톰 소여의 모험》을 읽고 기자처럼 독서록을 써 보았다. 내가 진짜 기자가 된 것 같았다. 앞으로 재미있는 사건이 있다면 이렇게 써 보고 싶다.

첫 번째 독서록은 게임을 하다 사라진 철수 이야기를 기사처럼 쓴 것이고, 두 번째 독서록은 장례식날 나타난 아이들의 일을 기사로 만들었어요.

기사를 쓸 때에는 일반적으로 결과를 먼저 이야기해요. 결론부터 이야기하면 궁금증을 해소할 수 있을 뿐만 아니라 계속해서 기사를 읽게 만들거든요.

첫 번째 독서록에서는 철수가 사라졌다는 것을, 두 번째 독서록에서는 깜짝 놀랄 일이 일어났다는 것을 제일 처음 밝히고 있어요. 그 후 어떻게 된 일인지 육하원칙에 따라 사건의 이유나 과정을 밝혀 주면 된답니다.

나는 독서록 쓰기 왕! 내가 쓰는 독서록

이번에는 내가 직접 써 보아요.

이야기에 나오는 사건을 기사식으로 바꾸어 독서록을 써 보는 거예요.

• 책이름 | • 읽은 기간 |

• 출판사 | • 지은이 |

제목 :   날짜 :

16일 주인공과 대화를 해 보자.

내가 주인공에게 질문을 하면 주인공은 어떤 대답을 해 줄까요?

내가 직접 주인공을 인터뷰해 보고 주인공의 대답까지 상상하여 적어 보아요. 주인공과 대화하는 방식으로 쓰면 독서록 쓰는 재미를 더해 주며 상상력도 키워 준답니다.

똑똑 독서록 박사 – 독서록 잘 쓰는 법 16

 궁금했던 것을 물어 보자.

책을 읽으면서 가끔 주인공의 행동이 이해되지 않거나 궁금했던 점이 있을 거예요. 아니면 내가 직접 알려 주고 싶은 부분도 있겠지요.

그런 질문을 직접 주인공에게 해 보고, 또 내가 주인공이 되어서 왜 주인공이 그런 행동이나 말을 했는지 상상해서 대답을 해 보는 거예요. 내가 대답을 잘하려면 주인공의 성격을 잘 이해하고 있어야 해요. 꼭 주인공이 아니어도 상관없어요. 다른 등장인물과 대화를 해도 상관없답니다.

 1단계 주인공의 성격을 잘 이해하면서 책을 읽어 보아요.

 2단계 주인공에게 궁금한 점을 물어 보아요.

 3단계 내가 주인공이 되어 대답해 보아요.

첫 번째 독서록

친구들은 주인공과의 대화 방식으로 독서록을 어떻게 썼는지 볼까요?

- 책이름 | **싫어요 몰라요 그냥요**
- 읽은 기간 | **9월 17일**
- 출판사 | **푸른책들**
- 지은이 | **이금이**

제목 : **코끼리 의사 선생님!**　　　　날짜 : **9월 18일**

나 : 코끼리 선생님, 안녕하세요?

코끼리 선생님 : 그래, 안녕?

나 : 선생님, '삼요병'이란 게 정확히 뭐예요?

코끼리 선생님 : 요즘 아이들이 잘 걸리는 병인데, 대답하기 싫거나 귀찮을 때

무조건 싫어요, 몰라요, 그냥요 이 세 가지로만 대답을 하는구나.

나 : 저도 가끔 그럴 때가 있어요.

코끼리 선생님 : 대체 왜 그러는 거니?

나 : 엄마 아빠가 평소에는 대화를 하지 않다가 잔소

리만 하실 땐 자연히 그렇게 돼요.

코끼리 선생님 : 그럼 평소에도 대화를

자주 해야겠구나.

나 : 네, 저도 엄마 아빠가 다정하

게 말을 걸어오실 때는 대답을 잘

하게 되거든요.

제 삼요병보다 선생님 몸무게가 더 걱정되세요.

- 책이름 | **싸움괴물 뿔딱**
- 읽은 기간 | **11월 1일**
- 출판사 | **미세기**
- 지은이 | **임정자**

제목 : 동수야, 다음부터는 그러면 안 돼.　　　　날짜 : 11월 2일

나 : 동수야, 넌 왜 뿔딱을 만든 거니?

동수 : 나를 화나게 하는 사람들이 싫었어.

사라져 버렸으면 좋겠다고 생각하면서 그림을 그리게 됐지.

나 : 그래도 너 때문에 사람들이 너무 힘들어했잖아.

동수 : 나도 후회하고 있어. 다신 그러지 않을 거야.

나 : 그래, 나도 화날 때가 많지만 서로 풀면 괜찮아졌어.

동수 : 나도 이제 마음이 편해.

나 : 이제부터는 '미소천사 룰루'를 그리는 게 어때? 다른 사람들 모두가 웃을 수 있게 말이야.

동수 : 그거 좋은 생각이다!

자신을 화나게 했다고 사람들을 괴롭히는 뿔딱을 만든 동수가 반성을 했다. 그리고 내가 이번에는 다른 사람들이 웃을 수 있게 룰루를 만드는 게 어떻겠냐고 했더니 동수도 좋아했다.

첫 번째 독서록은 '삼요병' 때문에 힘들어하는 코끼리 의사 선생님과의 대화를 썼고, 두 번째 독서록은 뿔딱을 만든 주인공 '동수'와의 대화를 썼습니다.
이렇게 대화를 하면 서로에게 궁금했던 점을 알 수 있고 자신의 생각을 주장할 수도 있어요. 또한 동수에게 한 것처럼 다른 제안을 할 수도 있지요. 이런 것들이 모두 상상력과 사고력을 키우는 훈련이 된답니다. 두 번째 독서록처럼 대화 내용을 정리하는 것도 좋아요.

나는 독서록 쓰기 왕! 내가 쓰는 독서록

이번에는 내가 직접 써 보아요.
책을 읽고 주인공과 대화하는 방식으로 독서록을 써 보는 거예요.

- 책이름 |
- 출판사 |

- 읽은 기간 |
- 지은이 |

제목 :

날짜 :

17일 이야기를 이어 보자.

재미있는 동화책을 읽고 난 후 아쉬울 때가 있었을 거예요.

'조금만 더 이어졌으면…' 하는 생각이나 '그 후 주인공은 어떻게 되었을까?' 하는 궁금증도 있겠지요.

이럴 때는 내가 직접 동화작가가 되어 이야기를 이어 보는 거예요. 등장인물의 성격을 알고 마지막 내용을 이해했다면 충분히 이야기를 지을 수 있답니다.

똑똑 독서록 박사 – 독서록 잘 쓰는 법 17

📖 주인공은 그 후 어떻게 될까?

뒷부분을 자연스럽게 이어가기 위해서는 전체적인 동화 내용은 물론 마지막 장면을 잘 이해해야 쓸 수 있어요.

등장인물의 성격과 책의 전체적인 시대적 배경이나 환경을 면밀히 관찰하고 그 등장인물은 어떻게 살고 있을 것인지를 상상하며 내 생각대로 써 보는 거예요. 이렇게 뒷부분을 이어가는 글을 쓰다 보면 상상력도 풍부해지고 생각하는 힘이 길러져서 나중에는 내게도 좋은 글을 쓸 수 있는 능력이 생길 거예요.

 1단계 등장인물의 성격과 배경을 관찰하며 책을 읽어 보아요.

 2단계 마지막 장면을 상상하고 그 이후의 이야기를 지어 보아요.

 3단계 왜 그렇게 상상하였는지 나의 생각을 함께 적어 보아요.

친구들은 뒷이야기를 이어서 독서록을 어떻게 썼는지 볼까요?

- 책이름 | 걸리버 여행기
- 읽은 기간 | 5월 2~4일
- 출판사 | 중앙출판사
- 지은이 | 조너선 스위프트

제목 : 걸리버가 꿈꾸는 평화의 나라.   날짜 : 5월 5일

　소인국, 거인국 등 여러 나라를 다닌 걸리버는 많이 지쳤지만 또다시 여행을 떠난다.

　배를 타고 떠난 지 5일째 되던 날 걸리버의 눈 앞에 섬이 하나 나타난다. 섬은 아주 깨끗하고 나무들로 뒤덮여 있어 평화로워 보였다. 걸리버는 이 섬에 아무도 없는 줄 알고 쉬고 있는데 한 소녀가 나타난다. 걸리버가 보기에 그 소녀는 아주 순수해 보였다.

　소녀와 친해져서 마을로 들어가자 글을 모르고 아픈 사람들이 많았다. 걸리버는 아이들에게 글을 가르치고 아픈 사람들은 치료해 주었다. 마을 사람들은 고마워하며 걸리버와 친해졌다. 걸리버는 이 곳이라면 평화만 가득할 거라는 생각에 이 섬에서 계속 살기로 결정한다.

걸리버가 자신과 같은 생각을 갖고 있는 사람들과 만났으면 좋겠다는 생각을 했다. 그래서 착한 사람들과 행복하게 사는 모습을 상상해서 글을 지어 보았다.

- 책이름 | 창피해하지 마!
- 읽은 기간 | 3월 31일
- 출판사 | 씨앤톡키즈
- 지은이 | 박비소리

제목 : 부자가 된 종우.   날짜 : 4월 1일

　그 후에도 종우네 반 친구들은 종우네 분식집에 자주 갔고, 종우네 집은 부자가 되었다. 그래서 종우의 동생도 병원에서 치료를 받을 수 있었고 종우도 더 이상 더러운 옷을 입지 않게 되었다. 반 친구들도 종우를 따돌리지 않았다.

　종우와 종우네 엄마는 분식집을 해서 번 돈으로 가난한 친구들에게 옷도 보내 주고 맛있는 떡볶이를 만들어 주며 착하게 살았다.

　종우네 집이 부자가 되었으면 좋겠다고 생각했다. 또한 부자가 되어서 종우같이 가난해서 따돌림당하는 친구들이나 불우한 이웃을 도우며 살면 좋겠다.

　첫 번째 독서록은 《걸리버 여행기》를 읽고 뒷이야기를 상상하여 써 보았고, 두 번째 독서록은 《창피해하지 마!》를 읽고 이야기를 이어 보았어요.
　두 독서록 모두 자신의 상상을 잘 펼치고 있어요. 또한 왜 이렇게 이야기를 연결했는지 이유도 분명히 나와 있어요. 첫 번째 독서록은 걸리버가 평화로운 나라에서 살길 바라는 마음을, 두 번째 독서록은 주인공 종우가 부자가 되어 다른 사람들을 돕길 바라는 마음을 표현하고 있어요.
　여러분도 책을 읽고 그 후에 어떤 이야기들이 이어질까 상상력을 발휘하여 이야기를 이어 보아요.

나는 독서록 쓰기 왕! 내가 쓰는 독서록

이번에는 내가 직접 써 보아요.

아쉬웠던 이야기의 뒷부분을 내가 직접 지어 독서록에 써 보아요.

- 책이름 |
- 출판사 |

- 읽은 기간 |
- 지은이 |

제목 :

날짜 :

18일 수학독서록을 써 보자.

수학과 관련된 책을 읽으면 어렵지 않게 재미있는 수학의 세계를 느낄 수 있어요.
이번에는 수학독서록을 어떻게 쓰는지 알아 보아요.

똑똑 독서록 박사 – 독서록 잘 쓰는 법 18

수학을 재미있게 배워 보자.

수학독서록은 수학과 관련된 책을 읽고 나서 쓰는 독서록이에요. 이러한 책들을 통해서 학교에서 배우는 교과서보다 좀더 폭넓은 정보와 지식을 배울 수 있어요. 이야기를 통해 알게 된 나의 지식을 잘 정리해서 독서록에 옮기는 연습을 해 보세요.

 1단계 선생님이나 언니, 형에게 수학과 관련된 좋은 책을 추천해 달라고 해 보아요.

 2단계 읽으면서 모르는 부분이나 새롭게 알게 된 부분을 표시해 둡니다.

 3단계 새롭게 알게 된 부분을 독서록에 적습니다.

- 책이름 | 생각이 확 열리는 생활수학
- 읽은 기간 | 6월 1~2일
- 출판사 | 동쪽나라
- 지은이 | 안소정

제목 : 재미있는 수학나라.　　　　날짜 : 6월 3일

≪생각이 확 열리는 생활수학≫은 숫자를 재미있게 배울 수 있는 책이다.

처음 알게 된 것도 많고 신기한 것도 많았다.

숫자가 없는 원주민들은 온몸으로 숫자를 나타냈다.

25를 엉덩이로 표현했고 12를 코로 표현했다.

뫼비우스띠에 대해서도 알게 되었고, 물건에 있는 바코드 숫자에 얽힌 비밀도 알게 되었다.

제일 재미있었던 건 나이를 말하지 않아도 그 사람의 나이를 맞힐 수 있는 방법이었다.

• 책이름 | 수학의 힘으로 세상을 만나라 오일러
• 읽은 기간 | 8월 16~18일
• 출판사 | 살림어린이
• 지은이 | 전다연

제목 : 수학 천재 오일러의 공식.   날짜 : 8월 19일

오일러는 어려서부터 책을 좋아하고 똑똑했는데, 수학을 제일 좋아하고 잘했다. 그래서 열세 살에 대학생이 되고 나중에 수학자가 되었다.

이 책을 통해 오일러 공식에 대해 알게 되었다. 오일러 공식은 육면체의 꼭지점, 면, 모서리에 관한 것이다.

육면체의 꼭지점은 8개, 면은 6개, 모서리는 12개인데 꼭지점 수와 면의 수를 더하고 모서리 수를 빼면 답은 2개가 된다. 신기한 건 육면체만 그런 것이 아니라 다른 다면체도 모두 답이 2개라고 한다. 이것이 바로 '오일러 공식'이다.

오일러라는 수학자에 대해서도 알고 오일러 공식도 알게 돼서 좋았다.

첫 번째 책은 일상 생활에서 접하는 수학에 대해 여러 가지를 보여 준 책이고, 두 번째 책은 오일러의 삶을 보여 준 책으로 조금은 다르지만 모두 수학에 대해 배울 수 있는 책이에요.
첫 번째 독서록은 많은 것을 알게 되어 재미있다고 했지만 그 내용이 좀더 자세히 들어갔으면 좋았을 거예요. 두 번째 독서록은 오일러라는 수학자에 대해 배웠고 오일러 공식이 무엇인지 그림도 함께 그려놓았어요. 이렇게 그림이나 도표로 잘 정리하면 시간이 흘러도 잊혀지지 않는 나만의 지식이 될 수 있겠죠?

나는 독서록 쓰기 왕! 내가 쓰는 독서록

이번에는 내가 직접 써 보아요.

수학과 관련된 책을 읽고 독서록을 써 보세요.

- 책이름 |
- 출판사 |

- 읽은 기간 |
- 지은이 |

제목 :

날짜 :

19일 과학독서록을 써 보자.

'과학' 이라는 말만 들어도 머리가 아프다는 친구들이 있을 거예요.

우리 주위에서 쉽게 접할 수 있는 것에도 과학의 원리가 숨어 있다는 사실을 알면 과학이 조금은 친근하게 다가올 거예요. 과학과 관련된 책을 읽다 보면 내가 몰랐던 사실을 알게 되어 지식이 늘어나는 뿌듯함도 느낄 수 있을 겁니다.

똑똑 독서록 박사 – 독서록 잘 쓰는 법 19

 와~ 이런 것도 있었구나!

과학독서록 역시 일반 독서록 쓰는 방법과 비슷해요. 다른 점이 있다면 내가 책을 통해 배운 점을 함께 적는다는 것 정도예요. 지식과 함께 관찰력을 키울 수 있지요.

책을 읽으면서 몰랐던 것을 알게 되고, 알게 된 점을 통해 내가 느낀 점을 함께 적어 보아요. 그러면 새로 배운 지식을 잊어버리지 않을 수 있고, 어렵게만 생각되던 과학이 재미있게 느껴질 거랍니다.

 과학 관련 도서를 읽고 가장 기억에 남는 부분이나 흥미로운 사실을 떠올려 보아요.

 그 부분의 어떤 점이 흥미로웠는지, 또 새롭게 알게 된 것들을 정리해 보아요.

 책을 읽고 난 후 나의 느낌을 적어 보아요.

친구들은 과학독서록을 어떻게 썼는지 볼까요?

첫 번째
독서록

- 책이름 | 파브르 곤충기
- 읽은 기간 | 5월 15~18일
- 출판사 | 삼성출판사
- 지은이 | 앙리 파브르

제목 : 자연을 위해 태어난 매미.   날짜 : 5월 19일

개미나 나비 같은 곤충에 관심이 많아서 《파브르 곤충기》를 읽어 보고 싶었다.

매미 이야기가 가장 기억에 남았다. 여름이 되면 항상 매미가 우는데, 나는 그 매미 울음소리에 짜증이 났었다. 그런데 매미가 그렇게 우는 것은 더워서 나무의 수액을 빨아먹는 거라고 했다. 게다가 매미는 수액을 개미에게 양보한다고 한다. 그리고 왜 여름에만 울까 궁금했는데, 매미는 여름 한 철밖에 살지 못한다고 한다.

여름이 끝나면 땅으로 떨어져 죽게 되는데 그 때 개미들이 몰려와 매미를 먹는다고 한다. 매미는 죽을 때까지 개미에게 봉사만 한다고 한다.

- 책이름 | 소중한 뇌(생활 속 원리 과학)
- 읽은 기간 | 9월 7~8일
- 출판사 | 그레이트북스
- 지은이 | 임혁

제목 : 뇌는 정말 똑똑해!　　　　　날짜 : 9월 9일

　뇌는 원래 말랑말랑한데, 우리 몸의 여러 기관 중에서 매우 중요한 역할을 하기 때문에 단단한 머리뼈가 보호하고 있다고 한다.

　뇌는 우뇌랑 좌뇌가 있는데, 우뇌는 슬픔이나 기쁨 등 감정을 느끼고 좌뇌는 말하기, 듣기, 계산 기능을 한다고 한다. 그리고 손을 움직이고 걷고 먹는 것 모두 뇌가 시켜서 할 수 있는 것이라고 한다.

　나는 손이나 발이 스스로 하는 거라고 생각했는데 뇌가 없으면 움직일 수도, 밥을 먹을 수도 없다는 사실을 알고 너무 놀랐다. 이제부터는 동생 머리도 때리지 않고 나를 움직일 수 있게 도와 주는 뇌를 정말 소중히 생각해야겠다.

　첫 번째 독서록은 곤충에 관한 것이고, 두 번째 독서록은 우리 몸을 이루고 있는 여러 기관 중 뇌에 관한 내용이에요. 이처럼 과학책의 종류는 다양하고 이를 통해 여러 가지를 배울 수 있어요.
　과학독서록이지만, 알게 된 점만 적기보다는 두 번째 독서록처럼 나의 생각을 함께 적는 것이 바람직하답니다.

나는 독서록 쓰기 왕! 내가 쓰는 독서록

이번에는 내가 직접 써 보아요.

과학과 관련된 책을 읽고 독서록을 써 보는 거예요.

- 책이름 | · 읽은 기간 |
- 출판사 | · 지은이 |

제목 :   날짜 :

20일 경제독서록을 써 보자.

경제독서록은 경제와 관련된 책을 읽고 난 후 독서록을 쓰는 거예요.

보통 경제는 어른들만의 문제이고 어른들만 안다고 생각하기 쉬워요. 하지만 경제와 관련된 책을 읽어 본 후 새롭게 알게 된 것들을 정리해 나가면 나의 경제 지식도 쑥쑥 늘어날 거예요.

똑똑 독서록 박사 – 독서록 잘 쓰는 법 ⑳

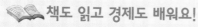 책도 읽고 경제도 배워요!

서점에 가 보면 경제 도서가 많이 나와 있어요. 이 많은 책 중에서 어떤 책을 골라야 할까요? 여러분은 아직 어리니까, 선생님이나 부모님의 도움을 받아서 책을 선택하는 것이 바람직한 방법입니다.

경제 도서를 통해 배운 내용을 독서록에 적고, 아직 잘 모르는 부분이나 더 알고 싶은 부분이 있다면 인터넷으로 찾아보거나 어른들께 여쭤 보며 경제에 대해 하나씩 배워가는 재미를 느껴 보아요.

 선생님이나 부모님께 경제와 관련된 책을 추천받아요.

 새롭게 알게 된 용어나 경제 상식들을 독서록에 옮겨 보아요.

 뜻을 모르는 생소한 단어는 찾아보거나 물어보며 더 자세히 알아보아요.

친구들은 경제독서록을 어떻게 썼는지 볼까요?

첫 번째 독서록

- 책이름 | 시장에 간 길동이, 경제박사 되다
- 읽은 기간 | 2월 3~4일
- 출판사 | 파란자전거
- 지은이 | 이명애

제목 : 나도 길동이 따라 경제박사!　　　　날짜 : 2월 5일

나는 돈이란 것이 원래부터 있었는 줄 알았다.

그런데 ≪시장에 간 길동이, 경제박사 되다≫라는 책을 보니 옛날에는 돈이 따로 없어서 물건을 서로 교환했다고 한다. 더 지나서는 조개가 화폐가 되었다.

삼국시대에는 무역이란 것이 생겼다. 나라끼리 물건을 사고파는 것인데, 장보고가 있었기 때문에 가능했다. 고려시대에는 날을 잡아서 축제처럼 시장이 열렸다. 일제 강점기 때에는 시장을 일본인들이 사용하고 세금도 높여서 우리나라가 많이 힘들었다.

하지만 지금은 시장도 있고 마트, 백화점, 인터넷까지 없는 게 없어서 편하게 물건을 사고팔 수 있다. 오늘 새롭게 알게 된 것들이 너무 많다.

- 책이름 | 석혜원 선생님의 지구촌 경제 이야기 잘사는 나라 못사는 나라
- 읽은 기간 | 7월 21~23일
- 출판사 | 다섯수레
- 지은이 | 석혜원

제목 : 아하, IMF!　　　날짜 : 7월 24일

　≪석혜원 선생님의 지구촌 경제 이야기 잘사는 나라 못사는 나라≫를 읽고 IMF에 대해 배울 수 있었다. 평소 어른들이 'IMF'라는 말씀을 자주 하셨는데 그게 무슨 말인지 궁금했었다.

　IMF는 '국제통화기금'이라는 국제금융기구인데, 1997년 우리나라 경제가 어려워져서 IMF에서 돈을 빌렸다고 한다. 그 때 많은 사람들이 회사를 그만두고 회사들도 많이 망했다고 한다. 그래서 우리나라는 경제를 살리기 위해 금 모으기 운동이나 국산품 애용 등 여러 노력을 기울였다고 한다.

　아빠께 여쭤 보니 IMF에서 돈을 빌린 나라는 우리나라뿐만 아니라 타이, 인도네시아, 말레이시아도 있었다고 한다. IMF에 대해 알고 보니 경제박사가 된 것 같았다.

　첫 번째 독서록은 ≪시장에 간 길동이, 경제박사 되다≫라는 경제 도서를 읽고 삼국시대, 고려시대, 일제강점기, 현재까지의 시장 모습을 순서대로 잘 정리했어요. 두 번째 독서록은 평소 궁금했던 IMF에 대해 잘 적어놓았어요.
　이렇게 경제독서록은 내가 배운 것을 잘 정리한 후 이것을 알게 된 나의 소감까지 함께 써 주세요. 또한 책의 내용뿐만 아니라 책을 읽고 난 후 어른들이나 인터넷을 통해 알게 된 점도 함께 적으면 더 좋은 독서록이 될 수 있답니다.

나는 독서록 쓰기 왕! 내가 쓰는 독서록

이번에는 내가 직접 써 보아요.

경제와 관련된 책을 읽고 독서록을 써 보는 거예요.

- 책이름 |
- 출판사 |
- 읽은 기간 |
- 지은이 |

제목 :   날짜 :

21일 책을 통해 공부해 보자.

앞에서 과학과 경제를 배울 수 있는 책을 읽고 독서록 쓰는 방법에 대해 배워 봤어요. 하지만 책을 통해 배울 수 있는 건 이게 다가 아니랍니다. 어른들도 모르는 것이 생기면 책을 통해 공부를 해요. 책의 종류는 아주 많아서 여러 분야에 대해 배울 수가 있거든요.

똑똑 독서록 박사 - 독서록 잘 쓰는 법 ㉑

📖 책에는 없는 게 없구나!

뭔가에 대해 알고 싶어서 애써 찾아보거나 책을 읽다가 우연히 알게 된 것 모두 나의 지식이에요. 그리고 독서록를 쓰면서 이런 지식을 정리하다 보면 내용이 보다 쉽게 이해되고 머릿속에도 오래 남게 되지요.

 1단계 평소에 공부하고 싶었던 분야의 책을 찾아서 읽어 보아요.

 2단계 이 책을 읽고 어떤 공부가 되었는지 생각해 보아요.

 3단계 공부한 내용과 나의 생각을 잘 정리해서 독서록에 옮겨 보아요.

친구들은 책을 통해 배운 내용으로 독서록을
어떻게 썼는지 볼까요?

첫 번째
독서록

- 책이름 | 사회야 사회야 나 좀 도와 줘
- 읽은 기간 | 4월 23~24일
- 출판사 | 삼성당
- 지은이 | 박신식

제목 : 시골에서는 무슨 일을 할까?   날짜 : 4월 25일

《사회야 사회야 나 좀 도와 줘》에서는 명섭이가 촌락에 대해 배운다.

촌락에는 농촌, 산촌, 어촌이 있는데 농촌은 들 가운데에, 산촌은 산으로 둘러싸인 곳에, 어촌은 바다가 있어 배가 닿는 곳에 모여 살면서 쌀이나 채소, 생선 등을 생산하여 도시로 보내 준다고 한다. 도시와는 다른 분위기였다. 시골에서는 사람들이 무슨 일을 하는지 궁금했는데 이 책을 읽고 잘 알게 되었다.

- 책이름 | 처음 만나는 한시
- 읽은 기간 | 10월 19~21일
- 출판사 | 휴머니스트
- 지은이 | 선현경

제목 : 한시, 어렵지 않아요!   날짜 : 10월 22일

≪처음 만나는 한시≫에는 은서랑 왕할머니가 나온다.

왕할머니 때문에 은서는 한시에 대해 배우게 된다.

한시를 지은 시인들은 대단한 것 같다. 어떻게 그 긴 이야기를 짧게 만드는 건지 마술 같았다.

한시는 운율에 맞추어 쓴다. 운율은 똑같은 위치에서 비슷한 글자 수로 반복해 노래처럼 리듬감을 만드는 것이다.

처음에는 어려울 줄 알았는데 책을 통해 배워 보니 쉽게 다가왔다. 학교에서 동시 만드는 것도 어렵지 않을 것 같다.

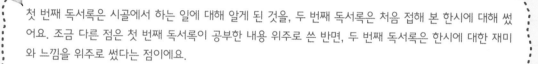

첫 번째 독서록은 시골에서 하는 일에 대해 알게 된 것을, 두 번째 독서록은 처음 접해 본 한시에 대해 썼어요. 조금 다른 점은 첫 번째 독서록이 공부한 내용 위주로 쓴 반면, 두 번째 독서록은 한시에 대한 재미와 느낌을 위주로 썼다는 점이에요.

나는 독서록 쓰기 왕! 내가 쓰는 독서록

이번에는 내가 직접 써 보아요.

책을 읽고 배운 내용으로 독서록을 써 보는 거예요.

- 책이름 | · 읽은 기간 |
- 출판사 | · 지은이 |

제목 :   날짜 :

위인전을 읽어 보자.

위인전은 널리 이름을 떨친 훌륭한 위인들의 삶을 담은 이야기예요.
어떤 훌륭한 삶을 살았는지 알 수 있고, 훌륭하신 만큼 배울 점도 많지요.
이렇게 내가 아닌 다른 사람의 삶을 통해 배울 점을 정리하다 보면 내가 살아가는 데에도 많은 도움이 되고, 지혜롭고 현명한 생각도 배울 수 있답니다.

똑똑 독서록 박사 – 독서록 잘 쓰는 법 22

📖 나도 훌륭한 사람이 될래요!

위인전은 역사적인 사실을 바탕으로 쓴 이야기예요. 그 위인의 삶이 사실대로 그려져 있지요. 그렇기 때문에 나도 독서록을 쓸 때 책에서 본 사실대로 써야 해요.

위인전을 읽고 나서 그 위인이 어떠한 삶을 살았는지 정리하고, 그 분에게 배울 점과 느낀 점을 쓰면 된답니다.

 1단계 위인전의 내용을 시간 순서대로 정리해 보아요.

 2단계 위인의 훌륭한 점에 대해 적어 보아요.

 3단계 내가 배울 점을 적어 보아요.

친구들은 위인독서록을 어떻게 썼는지 볼까요?

장영실

- 책이름 | 장영실
- 읽은 기간 | 5월 23~24일
- 출판사 | 파랑새어린이
- 지은이 | 정휘창

제목 : 발명왕 장영실.   날짜 : 5월 25일

장영실은 신분이 낮았지만 어릴 때부터 호기심이 많은 아이였다.

세종대왕은 장영실을 통해 생활에 필요한 물건을 많이 만들었다.

해시계를 만들어 떠 있는 해로 인해 만들어진 그림자로 시간을 알아보는 것이 신기했다.

그리고 가뭄이나 홍수로 농사를 제대로 짓지 못하는 백성들을 위해 측우기도 만들었다. 측우기는 강우량을 재는 기계이다. 측우기 덕분에 가뭄과 홍수로 인한 피해를 많이 줄일 수 있었다.

장영실은 똑똑해서 여러 물건을 발명했지만 백성을 위했다는 점이 멋있어 보였다. 어떻게 그런 생각을 할 수 있었을까? 지금 우리가 편하게 사는 것도 모두 장영실 덕분인 것 같다.

- 책이름 | 베토벤
- 읽은 기간 | 7월 8~9일
- 출판사 | 상서각
- 지은이 | 이영준

제목 : 베토벤을 닮고 싶어요.   날짜 : 7월 10일

베토벤은 독일에서 태어난 유명한 작곡가이다.

4살 때부터 피아노를 쳤고 7살 때에는 피아노 연주회를 열 정도로 천재 음악가였다. 지금도 유명한 '운명' '엘리제를 위하여' '월광 소나타' 등을 작곡하였다.

내가 놀란 건 베토벤은 귀가 안 들렸다는 사실이다. 어떻게 귀도 들리지 않는데 많은 사람들을 감동시키는 음악을 만들어낼 수 있었을까? 정말 베토벤은 음악 천재인 것 같다. 나도 베토벤처럼 힘든 일이 있어도 이겨내는 사람이 되고 싶다.

위인전을 읽고 독서록을 쓰다 보면 왜 그 분이 위대한 인물인지 알 수가 있어요. 두 독서록에도 어떤 점이 대단하고 어떤 점을 본받아야겠다고 쓴 것처럼 말이에요.
위인전을 읽고 독서록을 쓸 때에는 우선 그 위인에 대한 기본적인 설명을 씁니다. 태어난 시대나 집안 환경, 가족 관계 등 말이지요. 그 다음에 그 분의 업적과 대단한 점, 내가 본받을 만한 점에 대해 쓰면 된답니다.

나는 독서록 쓰기 왕! 내가 쓰는 독서록

이번에는 내가 직접 써 보아요.

위인전을 읽고 독서록을 써 보는 거예요.

- 책이름 | • 읽은 기간 |
- 출판사 | • 지은이 |

제목 :   날짜 :

23일 독서퀴즈를 만들어 보자.

독서퀴즈는 책을 읽고 나서 내용을 이용해서 퀴즈를 만들고 풀어 보는 거예요.

예를 들어 '백설공주에 나오는 난쟁이는 모두 몇 명일까요?' 라는 퀴즈의 답은 '7명' 이 되지요.

이런 독서퀴즈를 직접 만들고 답해 보면 재미있을 뿐만 아니라 책의 내용에 대한 이해력도 높아진답니다.

똑똑 독서록 박사 – 독서록 잘 쓰는 법 23

📖 책을 읽고 선생님이 되어 보자.

책을 읽고 내용을 잘 이해했다면 독서퀴즈 만들기란 그리 어렵지 않을 거예요. 선생님이 시험 문제를 내듯이, 독서퀴즈를 만들 때는 내가 선생님이라고 생각해 보아요. 주요 인물에 관한 문제나 사건에 관련된 문제가 만들기도 쉽고 풀기도 쉽습니다.

이렇게 독서퀴즈를 스스로 만들고 풀다 보면 독서를 한 후 중요한 부분을 이해하는 데 도움이 된답니다.

 1단계 책의 내용을 잘 이해할 수 있도록 천천히 독서해 보아요.

 2단계 중요하다고 생각되는 부분들을 골라 보아요.

 3단계 그 부분들을 가지고 독서퀴즈를 만들어 보아요.

친구들은 독서퀴즈 독서록을 어떻게 썼는지 볼까요?

첫 번째
독서록

- 책이름 | 헨젤과 그레텔
- 읽은 기간 | 6월 14일
- 출판사 | 한국방송출판
- 지은이 | 엄혜숙

제목 : 내가 만든 헨젤과 그레텔 퀴즈!   날짜 : 6월 15일

1. 헨젤과 그레텔의 아버지의 직업은 무엇일까요? • 답 : 나무꾼

2. 헨젤과 그레텔이 가장 처음 숲 속에 들어갈 때 떨어뜨리는 것은 무엇일까요?
• 답 : 조약돌

3. 헨젤과 그레텔이 떨어뜨린 빵 조각은 누가 먹었을까요? • 답 : 새

4. 헨젤과 그레텔이 숲 속에서 발견한 집은 무엇으로 만든 집인가요?
• 답 : 과자로 만든 집

5. 헨젤과 그레텔이 발견한 집은
누구의 집이었을까요? • 답 : 마녀

• 책이름 | 허균이 들려 주는 홍길동전
• 읽은 기간 | 12월 15일
• 출판사 | 세상모든책
• 지은이 | 최태림

제목 : 홍길동에 관한 모든 것.　　　날짜 : 12월 16일

1. 홍길동은 어디에서 태어났을까?　• 답 : 전라남도 장성군

2. 홍길동은 왜 아버지를 아버지라고 부르지 못했을까?　• 답 : 신분이 천해서

3. 홍길동이 만든 당의 이름은?　• 답 : 활빈당

4. 홍길동이 집을 나가서 한 일은?

• 답 : 나쁜 사람들의 돈을 훔쳐 착한 사람들을 도와 주었다.

5. 홍길동이 세운 나라는?

• 답 : 율도국

6. 내가 홍길동이라면 어떤 기분이었을까?

• 답 : 아버지를 아버지라 부르지 못하고 집을 나가야만 했을 때는 무척 속상했을 것 같다.
　　하지만 나도 홍길동처럼 운동도 잘하고 의리가 있다면 불쌍한 사람들을 도와 주면서
　　살았을 것이다.

독서퀴즈를 통해서 내가 읽은 책의 내용을 한 번 더 확인할 수 있었을 거예요. 한번 읽고 그냥 지나치기보다는 이런 식으로 한 번 더 확인하는 과정을 통해 책에 실린 정보를 완전히 내 것으로 만들 수 있답니다. 간단한 문제도 좋지만, 두 번째 독서록처럼 나의 생각을 묻는 퀴즈도 생각을 깊게 하는 데 도움이 된답니다.

나는 독서록 쓰기 왕! 내가 쓰는 독서록

이번에는 내가 직접 써 보아요.

책을 읽고 책의 내용으로 퀴즈를 만들고 풀어 보는 독서록을 쓰는 거예요.

• 책이름 | • 읽은 기간 |

• 출판사 | • 지은이 |

제목 :   날짜 :

24일 책을 소개해 보자.

선생님이나 친구들이 책을 추천해 주었듯이 나도 재미있게 읽은 책이나 도움이 된 책을
누군가에게 소개해 보는 거예요.

책을 소개하는 형식으로 독서록을 쓰는 방법도 있답니다.

똑똑 독서록 박사 – 독서록 잘 쓰는 법 24

📖 내가 읽은 책은요~.

책을 소개하는 글은 지금까지의 독서록과는 조금 달라요. 누군가에게 책에 대한 정보를 주는 거
예요. 아직 책을 읽지 않은 사람에게 이 책은 어떤 내용인지, 어떤 특징이 있는지 힌트를 준다고
생각하면 돼요. 제품 광고에서 이 제품이 어떤 물건인지, 어떤 점이 좋은지 소개하는 것처럼요. 꼭
책이 아니어도 좋아요. 책에 나오는 인물이나 소재 등 한 가지를 골라서 소개하는 방법도 있지요.

 1단계 누군가에게 소개하고 싶은 재미있는 책을 생각해 보아요.

 2단계 이 책이 어떤 내용의 책인지 간단한 줄거리를 써 보아요.

 3단계 읽으면 어떤 점이 좋은지에 대해서도 함께 써요.

친구들은 책을 소개하는 독서록을 어떻게 썼는지 볼까요?

- 책이름 | 나는 꿈이 너무 많아
- 읽은 기간 | 3월 2일
- 출판사 | 다림
- 지은이 | 김리리
- 그린이 | 한지예

제목 : 꿈이 뭐예요?   날짜 : 3월 3일

≪나는 꿈이 너무 많아≫라는 책의 주인공 이슬비는 꿈이 너무 많아 고민이다.

학교에서 '나의 꿈'이라는 주제로 글짓기를 해 오라고 하자 슬비는 고민에 빠진다. 꿈이 너무 많기 때문이다. 엄마는 의사가 되라면서 대신 글짓기까지 해 주지만 슬비는 진짜 자신이 하고 싶은 것을 찾고 싶어한다.

이 책을 읽고 나의 꿈에 대해 생각해 보게 되었다. 다른 사람들도 이 책을 읽고 자기가 진짜 하고 싶은 일을 찾았으면 좋겠다.

- 책이름 | 도와 줘요, 닥터꽁치!
- 읽은 기간 | 12월 23일
- 출판사 | 웅진주니어
- 지은이 | 박설연

제목 : 문어병원으로 오세요!   날짜 : 12월 24일

닥터꽁치가 있는 '문어병원'으로 오세요.

방학 때 공부만 해야 한다는 데에서 오는 스트레스, 학교와 학원 숙제로 인한 스트레스, 친구들의 놀림으로 받는 스트레스 모두 고쳐 준답니다.

다른 병원에서는 고치지 못하는 병들을 닥터 꽁치가 해결해 줄 거예요!

첫 번째 독서록은 ≪나는 꿈이 너무 많아≫를 읽고 다른 사람에게 책을 소개하는 독서록을 썼어요. 다른 사람에게 소개하는 글이기 때문에 내용을 다 쓰지 않고 앞부분만 써서 다른 사람들이 궁금해하도록 만들었지요. 두 번째 독서록은 책 소개가 아니라 ≪도와 줘요, 닥터꽁치!≫에 나오는 문어병원을 소개하고 있어요. 다른 사람들이 이것을 보면 궁금해서 책이 보고 싶어질 거예요.

책을 소개하는 독서록을 쓸 때에는 가장 중요하고 핵심이 되는 내용으로 소개해야 한다는 점을 잊지 마세요.

나는 독서록 쓰기 왕! 내가 쓰는 독서록

이번에는 내가 직접 써 보아요.

다른 사람에게 추천하고 싶은 책을 소개하는 독서록을 써 보는 거예요.

- 책이름 |
- 출판사 |
- 읽은 기간 |
- 지은이 |

제목 :   날짜 :

25일 책을 비교해 보자.

책을 비교하는 것은 소재나 주제가 비슷한 두 권의 책의 공통점과 차이점을 생각해 보는 거예요. 서로 같거나 다른 점을 파악하는 일도 책에 대한 이해력을 높여 주지요.

똑똑 독서록 박사 – 독서록 잘 쓰는 법 25

 무엇이 무엇이 똑같을까?

비슷한 주제의 책은 많아요. 인어공주, 백설공주가 공주 이야기인 것처럼 말이에요.

하지만 비슷한 것 같지만 내용을 살펴보면 다른 점도 많지요. 비슷하거나 다른 내용을 찾을 수 있을 때 이해력과 사고력은 더 높아져요.

주인공의 성격에도 다른 점이 있을 것이고, 사건에도 다른 점이 있을 것입니다. 다른 점을 기억해 두었다가 독서록에 기록해 보아요.

 비슷한 주제의 책 두 권을 읽어 보아요.

 두 책의 같은 점이나 다른 점을 찾아 보아요.

 두 책의 같은 점과 다른 점을 비교하며 독서록을 써 보아요.

친구들은 두 책을 비교하는 독서록을 어떻게 썼는지 볼까요?

- 책이름 | 아빠가 집에 있어요
- 읽은 기간 | 12월 6일
- 출판사 | 밝은미래
- 지은이 | 미카엘 올리비에

- 책이름 | 아빠의 앞치마
- 읽은 기간 | 12월 7일
- 출판사 | 교학사
- 지은이 | 이규희

제목 : 두 아빠.　　　　　날짜 : 12월 8일

　《아빠가 집에 있어요》와 《아빠의 앞치마》의 공통점은 둘 다 아빠가 집에서 살림을 한다는 내용이다.

　아빠가 살림을 하는데 아이들은 더 좋아하는 것 같다. 아빠와 함께 장을 보러 가고, 아빠가 맛있는 것을 해 주신다.

　다른 점은 《아빠가 집에 있어요》의 엘로디 아빠는 회사에서 해고된 것이고, 《아빠의 앞치마》의 세나 아빠는 세나와 세영이를 돌볼 사람이 없는데, 마침 아빠가 옛날의 꿈인 작가 일도 하면서 아이들을 돌보기 위해 스스로 회사를 그만두었다는 점이다.

- 책이름 | **내 짝꿍 최영대**
- 읽은 기간 | **1월 12일**
- 출판사 | **재미마주**
- 지은이 | **채인선**

- 책이름 | **짝꿍 바꿔 주세요!**
- 읽은 기간 | **1월 13일**
- 출판사 | **주니어랜덤**
- 지은이 | **노경실**

제목 : **짝꿍 이야기.**　　　　　날짜 : **1월 14일**

《내 짝꿍 최영대》와 《짝꿍 바꿔 주세요!》는 짝꿍에 관한 이야기인데, 둘 다 반 친구들에게 미움을 받는다.

《내 짝꿍 최영대》에 나오는 영대는 엄청 조용하고 교실에서 말을 한 마디도 하지 않고,

《짝꿍 바꿔 주세요!》에 나오는 준수는 짝꿍인 경지가 괴로울 정도로 시끄럽다.

영대와 준수는 집안 사정도 달랐다.

영대는 엄마가 안 계시고 준수는 엄마가 재혼을 해서 나이 차이가 엄청 많이 나는 형이 있다. 하지만 나중에는 친구들이 아픔을 이해해 주고 친하게 지내게 된다.

첫 번째 독서록은 아빠를 주제로 한 《아빠가 집에 있어요》와 《아빠의 앞치마》라는 책을 읽고 공통점과 차이점을 비교하였고, 두 번째 독서록은 짝꿍을 주제로 한 《내 짝꿍 최영대》와 《짝꿍 바꿔 주세요!》를 비교하였어요.

첫 번째 독서록에서 아빠가 회사를 그만둔 이유, 두 번째 독서록에서는 짝꿍의 성격과 집안 환경이 다른 차이점을 발견했듯이 등장인물의 성격이나 행동 그리고 사건에 따라 정리하면 비슷한 것과 다른 것을 쉽게 골라낼 수 있답니다.

나는 독서록 쓰기 왕! 내가 쓰는 독서록

이번에는 내가 직접 써 보아요.

비슷한 두 권의 책을 읽고 비교하는 독서록을 써 보는 거예요.

• 책이름 | • 읽은 기간 |

• 출판사 | • 지은이 |

제목 :   날짜 :

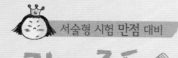

서술형 시험 만점 대비

자기주도 독서록 쓰기

초판 1쇄 인쇄 | 2010년 6월 10일
초판 1쇄 발행 | 2010년 6월 20일

지은이 | 최연희
그린이 | 박선미

펴낸이 | 남주현
펴낸곳 | 채운북스(자매사 채운어린이)
주소 | 서울시 마포구 창전동 5-11 3층(우 121-190)
전화 | 02-3141-4711(편집부) 02-325-4711(마케팅부)
팩스 | 02-323-2165
전자우편 | chaeun1999@empas.com
디자인 | design86 김훈, 강루미
출력 | 아이앤지 프로세스
종이 | 대림지업(주)
인쇄 | 대원인쇄
제책 | (주)세상모든책

ISBN 978-89-963393-7-3 (63590)
＊잘못된 책은 구입하신 서점에서 바꾸어 드립니다.